ÉTUDE

SUR

LA STATISTIQUE AGRICOLE

DES PAYS-BAS

PAR

HENRI SAGNIER

Secrétaire de la rédaction du *Journal de l'Agriculture*
Commandeur de l'Ordre du Christ de Portugal, etc.

PARIS,

IMPRIMERIE ET LIBRAIRIE DE Mᵐᵉ Vᵉ BOUCHARD-HUZARD

JULES TREMBLAY, GENDRE ET SUCCESSEUR

5, rue de l'Éperon

—

1876

ÉTUDE

SUR LA

STATISTIQUE AGRICOLE DES PAYS-BAS

1542

ÉTUDE

SUR

LA STATISTIQUE AGRICOLE DES PAYS-BAS

PAR

HENRI SAGNIER

secrétaire de la rédaction du *Journal de l'Agriculture*,
Commandeur de l'Ordre du Christ de Portugal, etc.

PARIS,

IMPRIMERIE ET LIBRAIRIE DE Mme Ve BOUCHARD-HUZARD
Jules TREMBLAY, GENDRE ET SUCCESSEUR
rue de l'Éperon-Saint-André, 5.

—

1876

EXTRAIT DES MÉMOIRES PUBLIÉS PAR LA SOCIÉTÉ CENTRALE D'AGRICULTURE DE FRANCE. — ANNÉE 1876.

— 5 —

RAPPORT

FAIT, AU NOM DE LA SECTION D'ÉCONOMIE, DE STATISTIQUE ET DE
LÉGISLATION AGRICOLES,

PAR M. MOLL,

SUR UN MÉMOIRE INTITULÉ

ÉTUDE SUR LA STATISTIQUE AGRICOLE

DES PAYS-BAS,

PAR M. HENRI SAGNIER.

Sous le titre de *Étude sur la statistique agricole des Pays-Bas*, M. H. Sagnier a présenté à la Société un Mémoire qui est un résumé très-bien fait de plusieurs publications et notamment des publications officielles du Gouvernement néerlandais.

La Néerlande ou Hollande, comme on a l'habitude de l'appeler, est bien connue en France sous le rapport commercial, maritime et colonial, mais beaucoup moins sous le rapport agricole, et, pour bien des personnes, ce sera une véritable révélation que d'apprendre qu'elle possède une agriculture très-développée qui a fait, depuis 1815, de grands progrès, qui en fait tous les jours et qui, dans ce pays, qu'on suppose exclusivement adonné au commerce et à la navigation, n'occupe pas loin de la moitié de la population totale. C'est là un nouveau fait à citer à l'appui de cette opinion, que la prospérité du commerce et de l'industrie ne peut exister nulle part d'une manière durable sans s'appuyer sur une agriculture florissante.

M. Sagnier passe successivement en revue le climat, le sol et son emploi, la population, la constitution de la propriété, les systèmes de culture, les charges que supporte cette dernière ; puis, il donne une série de tableaux avec les explications nécessaires sur les principaux produits végétaux et animaux de l'agriculture néerlandaise et il termine par un résumé où, après de nombreux chiffres démontrant l'accroissement considérable du commerce des Pays-Bas dans ces derniers temps, il entre dans quelques détails sur les moyens et les institutions destinés au développement de l'agriculture dans ce pays.

Il serait difficile de présenter ici les points les plus intéressants, sans risquer de reproduire une bonne partie de ce Mémoire déjà si condensé. Il en est, cependant, que je crois devoir signaler.

On se tromperait si, jugeant le sol de la Néerlande d'après sa situation à l'embouchure de trois grands fleuves, on le croyait partout excellent. Les deux cinquièmes environ de la superficie totale, qui est de 3,289,300 hectares, ont bien, en effet, un riche et profond limon, propre à toutes les cultures ; mais, sur les deux autres tiers, règne le sol sablonneux plus ou moins léger, dont l'aridité n'est atténuée que par une culture essentiellement conservatrice, et par le climat humide et brumeux.

Les produits animaux tiennent une place beaucoup plus importante que les produits végétaux dans l'agriculture néerlandaise. Tandis que les céréales (sauf l'Avoine) ne fournissent guère que la moitié de la consommation du pays et que le Lin seul donne lieu à une exportation d'environ 26 millions de francs, l'exportation du bétail sur pied s'élève en moyenne à **25** millions et celle des beurres et fromages à **43** millions. Ces chiffres n'étonneront plus quand on saura que les existences en bestiaux, ramenées à la mesure commune de la bête bovine adulte, donnent, pour l'ensemble du pays, 0.80 tête par hectare productif. Il est à peine nécessaire d'ajouter que, dans des conditions semblables, les herbages jouent un grand rôle. Ils occupent aujourd'hui près des 34 centièmes de la superficie à côté des terres arables qui n'en représentent que 26.2.

Tout cela, néanmoins, ne sort pas des faits d'une bonne culture ordinaire, dans les contrées nord-ouest de l'Europe. Mais voici ce qui donne à la culture néerlandaise un cachet particulier et d'un vif intérêt. Tandis qu'ailleurs, le cultivateur n'a que ses produits à défendre, ici, il lui faut presque toujours défendre son sol et même sa demeure. Les eaux, en effet, qui sont pour ce pays la source de tant de richesses, sont aussi pour lui la cause de terribles catastrophes qu'on s'explique par ce double fait, que le sol d'une partie de la Hollande est au-dessous du niveau de la haute mer, et ne peut être défendu que par de gigantesques travaux, et que le reste, d'une nature légère et perméable, sillonné par de nombreux cours d'eau naturels ou artificiels, est constamment exposé à des érosions superficielles ou souterraines qui menacent de bouleverser la surface.

Mais les Hollandais ne se bornent pas à la défensive, ils prennent aussi l'offensive ; depuis 1833 jusqu'en 1873, ils ont conquis sur les eaux près de 20,000 hectares et, aujourd'hui, la superficie annuellement ajoutée au domaine de l'agriculture est en moyenne de 1,000 hectares par an. Aussi, le pays tout entier pourrait-il, avec justice, s'appliquer cette fière devise de la Zélande : *Luctor et emergo*, je lutte et je surnage.

Deux chiffres en terminant. Depuis quarante-trois ans, la population de la Néerlande a augmenté de 40 pour 100. Sa population spécifique était, en 1869, de 110.9 habitants par kilomètre carré. On sait que la nôtre est de 69 habitants.

La Section propose de voter l'insertion de l'intéressant travail de M. Sagnier dans les Mémoires de la Société et d'accorder à son auteur une médaille d'argent.

Ces propositions sont mises aux voix et adoptées.

ÉTUDE

sur

LA STATISTIQUE AGRICOLE

DES PAYS-BAS

PAR M. HENRI SAGNIER

La Néerlande est un des pays de l'Europe où l'agriculture
est le plus en honneur ; dans quelques-unes de ses provinces
celle-ci a atteint un degré de perfection qui ne trouve d'égale
que dans les parties les plus productives des Flandres. Divi-
sée en deux régions bien caractérisées par la nature du sol,
elle offre à la fois le spectacle de la richesse créée depuis
longtemps dans un sol fertile et où le cultivateur est assuré
du succès, et celui de la lutte du pionnier agricole contre
un sol ingrat ou ailleurs contre les flots envahissants. Notre
but n'est pas de retracer les grands travaux par lesquels les
Pays-Bas ont assuré la consistance à leur sol, ni même ceux
par lesquels chaque année ils augmentent leur domaine :
l'histoire des desséchements a été faite, et bien faite. Nous

voulons surtout chercher à montrer comment l'agriculture est aujourd'hui pratiquée dans les diverses provinces de ce petit royaume.

Le ministère de l'Intérieur publie chaque année, sous le titre de *Verslag van den Landbouw in Nederland* (Tableau de l'agriculture dans les Pays-Bas), un volume important sur la situation agricole et la production du bétail dans le royaume. Cette publication faite, de 1851 à 1860, sous la direction de M. le docteur J. Wttewaall, est dirigée depuis 1861, par M. le docteur W. C. H. Staring. Le dernier volume que nous ayons entre les mains est relatif à l'année 1873. En comparant les données qu'il fournit avec celles des années précédentes, on peut suivre, pour ainsi dire, pas à pas le mouvement agricole dans les Pays-Bas. Nous avons également puisé à d'autres sources autorisées, aux travaux de M. Staring, l'agronome le plus populaire en Hollande, qui a écrit sur l'économie rurale du pays un ouvrage très-remarquable sous le titre : *Huisboek voor den landman in Nederland;* à ceux de M. Emile de Laveleye qui est l'auteur, comme l'on sait, d'une étude pleine de vie et d'observations précises, sous le titre de *Etudes d'économie rurale; la Néerlande.*

Dans un rayon des plus restreints, les Pays-Bas offrent de nombreux sujets d'étude; quelques-unes des provinces présentent entre elles les différences parfois les plus considérables. Ces contrastes sont éminemment propres à faire ressortir la puissance d'énergie du travail agricole, qui sait se plier aux circonstances les plus variées, et exiger de chaque nature de sol ce qu'il est capable de produire.

PREMIÈRE PARTIE.

Économie rurale.

I.

Régions agricoles. — Climat.

La superficie des Pays-Bas est actuellement de 3,289,500 hectares. Pendant que les limites des autres Etats sont soumises aux variations amenées par les guerres, les Pays-Bas accroissent chaque année leur étendue, sans nuire à leurs voisins, sans autre guerre que celle qu'ils livrent aux éléments. « Dans la plupart des contrées où l'homme s'est fixé, dit très-bien M. de Laveleye, il n'a eu, pour assurer sa subsistance, qu'à profiter des ressources que lui offrait la nature. On sait que dans les Pays-Bas, au contraire, tout faisait défaut à la fois, jusqu'à la terre, qu'il fallait créer, faire surgir des eaux, et protéger contre le retour de terribles désastres par de prodigieux travaux. La Zélande a mis dans son écusson un lion héraldique qui d'un fier mouvement remonte les vagues prêtes à l'engloutir, et elle y a inscrit cette héroïque devise : *Luctor et emergo :* je lutte et je surnage. Ce mot résume admirablement toute l'histoire de la Néerlande et surtout celle de son agriculture : lutter, lutter sans cesse et ne durer qu'au prix de cette lutte toujours victorieuse. Un grand banc de sable çà et là entrecoupé de tourbières dans ses dépressions, et à moitié recouvert de relais vaseux que les flots de la mer envahissent à marée haute et que les eaux puissantes de trois grandes rivières inondent, déforment, remuent et découpent dans tous les sens ; ici des dunes mouvantes que le vent déplace et roule sur la surface de la contrée ; là une boue à peine figée que les vagues déposent et emportent tour à tour ; tantôt des plaines spongieuses, qui supportent à peine le poids de l'homme et qui semblent condamnées à une stérilité éternelle, tantôt un sol équivoque, liquéfié, des plages amphibies où l'on ne peut ni naviguer comme sur la mer, ni marcher comme sur la terre ; point de matériaux pour se construire des demeures, ni fer, ni métaux, ni pierres d'aucune sorte : voilà tout ce que le terrain de la Néerlande présentait à ses premiers habitants. »

Le labeur pour fertiliser les terres conquises sur la mer n'a pas été moindre que pour en prendre possession ; il continue chaque jour. Pendant que chaque année le sol des Pays-Bas s'accroît environ de **1,000** hectares desséchés, une plus grande proportion est mise en culture, ainsi qu'on le verra par la suite de cette étude.

Nous avons dit que la superficie actuelle des Pays-Bas est de **3,289,500** hectares. En **1858**, elle était de **3,275,500** hectares, et en **1833**, de **3,269,900** hectares. C'est donc une augmentation de **14,000** hectares depuis **1858**, et de **19,600** hectares, si l'on considère la période de quarante années qui se sont écoulées de **1833** à **1873**.

Jusqu'ici, le desséchement du lac de Haarlem qui a une surface de **18,000** hectares, avait été la principale opération de desséchement exécutée dans le pays. Mais la Néerlande va bientôt voir l'exécution d'un projet grandiose qui laissera loin derrière lui le desséchement de ce lac ; il s'agit du desséchement du Zuiderzée. Cette pensée a été mûrie durant les vingt-cinq dernières années. M. Heemskerk, ministre de l'intérieur, rédigea en **1868** un rapport qui approuvait la concession du desséchement à la Société Néerlandaise du Crédit foncier. En **1874**, dans le discours du trône, le roi se montra favorable à l'entreprise, et les Etats-généraux demandèrent qu'on se mît à l'œuvre sans retard. Enfin, un crédit de **8,000** florins vient d'être voté pour l'achèvement des études préparatoires. Le projet entre donc dans la période d'exécution. — Il s'agit de construire, pour réunir les deux rives du Zuiderzée, une digue longue de **40** kilomètres, ayant 50 mètres de largeur à la base et 8 mètres de hauteur au-dessus du niveau moyen des hautes mers. Cette digue renfermerait une superficie de **196,670** hectares. L'expérience démontrant que, dans un desséchement, le dixième environ du sol est employé en canaux, chemins, etc., il resterait **178,000** hectares disponibles. Sur ce total, **20,000** hectares environ se composent de sable, mais le reste est formé d'uu sol très-propre à la culture. On estime donc que ce gigantesque travail donnerait à l'agriculture néerlandaise **150,000** hectares de terres de première qualité et **25,000** de qualité inférieure, qui sont aujourd'hui couverts par les eaux (1).

Le royaume est divisé administrativement en onze provinces. Leurs noms sont indiqués dans le tableau suivant, ainsi que la superficie de chacune :

SUPERFICIE EN HECTARES.

	Hectares.
Groningue (Groningen)	229,226
Frise (Friesland)	331,497
Drenthe	266,272
Over-Yssel (Overijssel)	334,566
Gueldre (Gelderland)	508,648
Utrecht	138,451
Hollande septentrionale (Nordholland)	271,547
— méridionale (Zuidholland)	301,900
Zélande (Zeeland)	176,266
Brabant septentrional (Noordbrabant)	510,620
Limbourg (Limburg)	820,475

Au point de vue agricole, les Pays-Bas se partagent en deux régions bien caractérisées par la nature du sol : la région argileuse et la région sablonneuse. Dans la première, la couche supérieure du sol est uniquement formée des dépôts d'alluvion formés par les eaux ; elle s'étend sur toute la côte

(1) Voir l'*Appendice II.*

de la mer du Nord et sur les bords des trois grands fleuves, le Rhin, la Meuse et l'Escaut, qui arrosent le pays. Cette région comprend un million et demi d'hectares, dans les provinces de la Zélande, la Hollande méridionale et la Hollande septentrionale, et une partie de la Frise, de la Groningue, de l'Over-Yssel et de la Gueldre. C'est là qu'il a été nécessaire de faire les grands travaux de défense contre les eaux et que se poursuivent les desséchements. Les cultures fourragères y occupent les cinq sixièmes de la surface productive.

La région sablonneuse est formée par un terrain appartenant à la formation géologique dite du diluvium. Elle s'étend sur une plus grande surface que la région argileuse, puisqu'elle occupe environ 1,700,000 hectares, dans les provinces du Brabant septentrional, du Limbourg, de l'Over-Yssel, de la Gueldre et de Drenthe. Elle comprend la partie méridionale et orientale du pays; sur quelques points, elle atteint le Zuiderzée. La hauteur moyenne du sol au-dessus du niveau de la mer n'y dépasse pas 15 mètres ; les points les plus culminants atteignent 83 et 104 mètres. C'est la région des landes et des bruyères dans les parties moins bien cultivées; des céréales et des plantes industrielles là où l'agriculture est plus développée.

Le climat est uniforme pour toutes les parties des Pays-Bas. Ce pays appartient, en effet, à la région que le comte de Gasparin déterminait sous le nom de région des pâturages, et il en présente les caractères les plus saillants : maintien de l'humidité par la régularité des pluies, le peu d'intervalle qui les sépare, la fréquence de l'obscurcissement du ciel par les nuages, etc. La température moyenne annuelle varie de 9 à 12 degrés. La quantité moyenne d'eau tombée à l'observatoire d'Utrecht a été, de 1848 à 1873, de 692 millimètres par an, en moyenne.

II.

Division du sol.

D'après les publications officielles du ministère de l'Intérieur, la surface totale des Pays-Bas se répartit, pour toutes les provinces, de la manière suivante :

	Hectares.
Terres arables.	861,551
Prairies et pâtures	1,113,132
Jardins, potagers, parcs, etc.	57,943
Vergers et pépinières.	21,675
Bois et forêts.	215,182
Terres incultes.	750,259
Terres non imposées	112,076
Eaux, marais, étangs, etc.	127,801
Digues et routes.	29,849
Total	3,289,468

Si l'on ne considérait que la faible étendue de la Hollande, qui dépasse à peine celle de cinq départements français, on serait tenté d'admettre que la division des cultures et la répartition de celles-ci dans les diverses parties du territoire devraient être à peu près analogues et ne présenter que des variations très-restreintes. Il est loin d'en être ainsi, comme on peut s'en convaincre en jetant un coup d'œil sur le tableau de la division du sol, suivant les provinces.

Ce tableau a été établi comme il suit pour l'année 1873 :

PROVINCES.	TERRES arables.	PRAIRIES et pâturages.	JARDINS, potagers, parcs, etc.	VERGERS et pépinières.	BOIS et forêts.	TERRES incultes.	TERRES non imposées.	EAUX, MARAIS, étangs, etc.	DIGUES et routes.
Groningue.............	122,124	61,575	4,636	»	650	33,000	5,041	2,200	»
Frise.................	52,543	196,426	3,683	905	6,557	35,844	4,735	28,204	2,100
Drenthe..............	32,446	64,284	1,400	»	5,500	160,542	2,100	»	»
Over-Yssel..........	58,419	108,049	3,880	362	16,182	121,831	6,887	14,831	4,125
Gueldre.............	128,303	140,624	9,957	4,601	71,370	127,270	19,214	3,763	3,546
Utrecht.	29,000	68,300	3,900	2,100	15,900	10,351	2,300	2,400	4,200
Hollande septentrionale	33,296	151,966	6,191	1,020	6,868	27,843	16,054	28,309	»
Hollande méridionale..	75,000	146,000	8,600	3,000	15,000	13,000	13,600	21,300	6,400
Zélande.,............	96,000	39,000	3,400	1,900	4,300	12,166	6,900	7,000	5,600
Nord-Brabant........	146,264	115,126	8,149	1,448	48,537	151,254	25,151	11,232	3,349
Limbourg............	88,156	21,772	3,147	6,336	24,318	57,658	9,994	8,562	529
	86,1551	1,113,132	57,943	21,675	215,182	750,259	112,976	127,801	29,849

Tous les nombres de ce tableau expriment des hectares.

De toutes les provinces, c'est celle de Drenthe qui renferme la plus grande proportion de terres incultes ; celles-ci y comptent, en effet, pour 60 pour 100 de la surface totale, tandis qu'elles ne forment pas plus de 4 à 7.5 pour 100 dans les trois provinces de la Hollande méridionale, de la Zélande et d'Utrecht. — Les terres arables dominent dans les provinces de Groningue, de la Zélande et du Limbourg; elles sont, au contraire, en faible proportion dans celles de la Hollande septentrionale et de Drenthe. — La Frise, la province d'Utrecht et la Hollande méridionale sont caractérisées par la grande abondance des prairies, tandis que le Limbourg n'en renferme qu'une minime proportion. — C'est la Gueldre qui compte la plus grande proportion de bois; mais la Frise, les provinces de Drenthe, de la Hollande septentrionale, de la Zélande, et surtout celle de Groningue, sont à peu près dénudées. Des travaux de reboisement sont effectués dans plusieurs provinces, avec activité, ainsi qu'on le verra plus loin.

Pour bien juger la marche du progrès agricole, il faut comparer la situation actuelle à ce qu'elle était autrefois. A ce point de vue, les renseignements fournis permettent des comparaisons à peu près complètes à quarante années de distance.

Voici, en effet, la comparaison des diverses sortes de cultures des Pays-Bas en 1833 et en 1873; ces divisions sont exprimées en centièmes de la superficie totale, afin de rendre la différence avec la situation actuelle, plus rapide à saisir :

	PROPORTION pour 100 de la surface.	
	En 1833.	En 1873.
Terres arables.	23.9	26.2
Prairies et pâtures	32.5	33.8
Jardins, potagers, parcs . .	0.7	0.8
Vergers et pépinières . . .	0.6	0.7
Bois et forêts	5.2	6.5
Terres incultes.	27.9	22.8
Terres non imposées. . . .	4.1	3.4
Eaux, marais, étangs, etc..	3.9	3.9
Digues et routes.	0.4	0.9
Totaux.	100.0	100.0

Il y a eu, de **1833** à **1873**, une augmentation assez sensible sur les terres arables, sur les prairies, sur les bois et forêts, tandis que le sol non productif a notablement diminué. Les digues et les routes ont vu leur longueur doubler durant ces quarante années.

Les résultats précédents sont rendus plus sensibles, si on les condense sous la forme suivante :

	En 1833.	En 1873.	Augmentation.	Diminution
Terres arables.	23.9	26.2	2.3	»
Prairies et pâtures	32.5	33.8	1.3	»
Jardins, parcs, vergers, pépinières, etc.	2.1	2.5	0.4	»
Bois et forêts	5.2	6.5	1.3	»
Sol non productif, au point de vue agricole.	36.3	31.0	»	5.3
Totaux	100.0	100 0	5.3	5.3

En résumé, le sol agricole a été augmenté de 5 pour **100**. Cet accroissement a été progressif, sans arrêt, et il se poursuit encore aujourd'hui, dans toutes les parties des Pays-Bas.

Terres arables. — Les terres arables se décomposaient, en **1873**, de la manière suivante :

	Hectares.	Proportion pour 100.
Céréales	489,697	56.84
Pommes de terre, légumes secs	188,343	21.81
Cultures industrielles	96,958	11.25
Prairies artificielles	86,553	10.10
Totaux	861,551	100.00

On trouvera plus loin de nouveaux calculs établis d'après les détails des déclarations relatives à chaque nature de récoltes dans les onze provinces. Ces calculs ne concordent pas rigoureusement avec ceux du cadastre; ils donnent un total de **834,900** hectares pour les terres arables. Mais cette différence rentre dans les limites des erreurs presque impossibles à éviter dans des déterminations de ce genre ; elle ne dépasse pas, en effet, 1 pour 100 de la surface totale.

Les céréales cultivées en Hollande sont : le Blé-Froment, l'Avoine, l'Orge, le Seigle, le Sarrasin et l'Epeautre. C'est le Seigle qui est cultivé sur la plus grande échelle; cette céréale couvre, en effet, plus de **200,000** hectares. Ensuite viennent, par ordre décroissant d'importance : l'Avoine, le Froment, le Sarrasin, l'Orge. Quant à l'Épeautre, sa culture n'atteint pas 300 hectares; elle est disséminée dans les provinces de Gueldre, de la Hollande septentrionale, de la Hollande méridionale, du Nord-Brabant et du Limbourg.

Les Fèves et les Pois forment l'immense majorité des plantes légumineuses; ces deux sortes de plantes s'étendent sur **55,000** hectares. Pour les Pommes de terre, elles sont cultivées sur **133,660** hectares.

Le Lin et le Colza sont les deux plantes industrielles qui ont le plus d'importance en Hollande; viennent ensuite la Betterave à sucre, la Chicorée, le Tabac, le Chanvre, l'OEillette, etc.

Cultures fourragères. — Depuis longtemps, grâce à l'abondance de ses prairies, la culture des Pays-Bas a pu abandonner progressivement le système des jachères, et adopter celui des cultures continues avec une large part pour les prairies artificielles, Trèfles, Luzernes, etc. Celles-ci ne forment pas moins de la dixième partie des terres arables pour tout le royaume. Dans ce total, on ne fait pas entrer les cultures fourragères dérobées, telles que la Serradelle, le Lupin, les Betteraves fourragères, les racines alimentaires pour le bétail, etc.

La fertilité des prairies hollandaises est connue depuis de longues années. Les prés naturels de la Frise, des deux Hollandes, de la Gueldre, sont les plus plantureux ; les provinces de Drenthe et du Limbourg sont les moins fortunées à cet égard. Pour l'ensemble du pays, les prairies ne couvrent pas moins du tiers du territoire ; elles forment la moitié du sol productif. Les desséchements, toujours poursuivis avec activité, augmentent chaque année l'étendue consacrée aux cultures fourragères, qui forment de plus en plus la base de la prospérité agricole des Pays-Bas.

III.

POPULATION.

L'étude du mouvement de la population dans un pays est un des meilleurs moyens de connaître le degré de prospérité de ce pays. Quand la population s'accroît, la richesse augmente, parce que la production devient plus considérable. Sans que les deux termes soient parfaitement corrélatifs, l'accélération de l'accroissement de la population permet de juger, dans certaines limites, de la marche de la richesse.

Durant les quarante-cinq dernières années, de 1829 à 1873, la population du Royaume des Pays-Bas s'est accrue de 42 pour 100. En 1829, il comptait 2,613,308 habitants, et en 1873, 3,715,746. Le tableau suivant permet, d'ailleurs, de juger le mouvement de la population dans les onze provinces :

PROVINCES.	Population au 31 décembre 1829.	Population au 31 décembre 1859.	Population au 31 décembre 1869.	Population au 31 décembre 1873.
Groningue..........	157,504	207,688	231,677	232,739
Frise..............	204,904	274,305	299,792	307,390
Drenthe...........	63,868	93.231	107,927	109,454
Over-Yssel........	178,895	235,155	258,761	260,533
Gueldre...........	309,793	403,640	437,363	441,088
Utrecht...........	132,359	160,106	176,518	179,465
Hollande septentrionale..	413,809	523,876	588,190	610,999
— méridionale...	479,737	619,380	697,683	721,464
Zélande...........	137,262	166.112	179,367	182,365
Nord-Brabant........	348,891	407,794	435,865	442,780
Limbourg...........	186,281	215,682	227,126	227,469
Totaux...........	2,613,308	3,308,929	3,640,269	3,715,746

Les changements survenus dans la superficie du territoire de la France, en 1860 et en 1871, s'opposent à ce qu'on puisse facilement comparer d'une manière absolument exacte, le mouvement de la population en France à celui de celle des Pays-Bas. Mais, en tenant compte de ces modifications, on constate que nous sommes bien distancés. En effet, de 1831 à 1872, les recensements n'accusent pour toute la France, qu'un accroissement de 15 pour 100 environ dans la population totale. Ainsi, tandis que la France mettrait 273 ans à doubler sa population dans les conditions actuelles, la Hollande verrait la sienne doubler en 95 ans.

L'accroissement de la population est loin de s'être produit d'une manière uniforme dans toutes les provinces. C'est dans celle de Drenthe qu'il a été le plus considérable ; il a atteint 71.4 pour 100 du chiffre de 1830. Dans le Limbourg, au contraire, la population ne s'est accrue, pendant ces quarante-quatre années, que de 22.1. Le tableau suivant présente le calcul de l'accroissement de la population dans chaque province ; nous y joignons les chiffres qui indiquent le rapport de la population des villes à celle des campagnes. Mais il faut remarquer que la population des campagnes ne doit pas être considérée comme représentant la véritable population rurale, c'est-à-dire celle qui s'adonne exclusivement à l'agriculture. Les données ne sont pas suffisantes pour établir cette distinction ; toutefois on peut dire qu'on ne commettrait pas une très-grande erreur en considérant comme population rurale les trois quarts de la population des campagnes.

Voici ce tableau :

	Accroissement pour 100 de la population, de 1829 à 1873.	Rapport de la population des villes à celle des campagnes en 1873.
Groningue.	47.8	1 : 1.5
Frise.	50,0	1 : 1.4
Drenthe	71.4	1 : 3.6
Over-Yssel.	45.6	1 : 1.2
Gueldre	42.2	1 : 1.7
Utrecht.	35.6	1.5 : 1
Hollande septentrionale.	47.7	3 : 1
Hollande méridionale.	50.4	2.4 : 1
Zélande.	32.9	1 : 1.2
Nord-Brabant.	27.0	1 : 1.6
Limbourg	22.1	1 : 1.9

Pout tout l'ensemble du royaume, la population urbaine et celle des campagnes sont à peu près équivalentes. La première compte **1,852,000** âmes, et la seconde, **1,723,000**.

L'accroissement de la population s'est maintenue pendant toute la période que nous considérons. On constate, en effet, en **1873**, une augmentation de **12.3** pour **100** sur la population en **1859**, et de près de **4** pour **100** sur celle de **1869**.

S'il est intéressant de suivre le mouvement ascendant de la population dans un pays, il l'est peut-être encore davantage d'en étudier la population spécifique. Plus celle-ci est dense, et plus la richesse agricole ou industrielle peut devenir considérable. A ce point de vue, la Hollande est un des pays de l'Europe les plus favorisés. Il est facile de le constater par l'examen du tableau suivant qui donne la population spécifique pour chaque province, par kilomètre carré ou **100** hectares, en **1829** et en **1869** :

POPULATION PAR 100 HECTARES.

	En 1829.	En 1869.
Groningue	67.3	101.1
Frise	76.3	91.5
Drenthe	24.1	40.5
Over-Yssel	53.6	77.9
Gueldre	69.2	86.0
Utrecht	95.6	127.5
Hollande septentrionale	170.8	217.1
Hollande méridionale	158.0	231.6
Zélande	80.0	101.8
Nord-Brabant	68.1	85.0
Limbourg	83.0	103.0
Pour toute la Néerlande	81.7	110.9

On sait que la France ne compte, en moyenne, que 69 habitants par 100 hectares. La province de Drenthe est la seule qui, en Néerlande, ait une population spécifique moindre. Les trois seuls départements de la Seine, du Nord et du Rhône, ont, chez nous, une population supérieure à celle de la province des Pays-Bas la plus peuplée, et nous ne comptons que sept départements dont la population spécifique soit supérieure ou égale à la moyenne de ce petit pays.

C'est surtout par l'accroissement des naissances que la population néerlandaise prend une extension aussi considérable. L'immigration y est très-restreinte, mais d'un autre côté l'émigration est presque nulle. Pendant l'année 1873, on n'a compté que 3,917 émigrants, et durant la période de 1861 à 1873, 29,954 Néerlandais seulement ont quitté leur pays natal. Le contraste avec un pays voisin, l'Allemagne, est frappant. On constate ainsi facilement l'heureuse influence des institutions libérales, mais stables, sous l'empire desquelles la Hollande vit sans secousses depuis près de cinquante ans. Après les grandes guerres du commencement du siècle, cette grasse Flandre, si longtemps dévastée, a fini par atteindre la paix et la sécurité civile. La terre y est si bonne et les gens y sont si sages qu'on a retrouvé du premier coup le bien-être et la prospérité. Cette abondance de vie est aujourd'hui celle qui a été immortalisée par Rubens dans son fameux tableau de la *Kermesse.* Nulle part, peut-être, on ne rencontre une existence plus large et plus prospère à tous les degrés de l'échelle sociale.

IV.

CONSTITUTION DE LA PROPRIÉTÉ.

Les lois qui régissent la propriété dans les Pays-Bas ont été établies d'après les mêmes bases que le Code civil français. Depuis le commencement du siècle les majorats n'existent plus, et la terre est possédée d'après le droit commun. Il faut, toutefois, observer qu'un usage à peu près général empêche le trop grand morcellement de la propriété. Dans le cas de partage d'une succession, le fils aîné entre en possession de la propriété entière, et il indemnise, d'après la valeur de celle-ci, les autres héritiers; ceux-ci peuvent, cependant, exiger le partage égal des biens entre tous.

Si l'on donne le nom de grande culture à celle dont les domaines sont supérieurs à 100 hectares, de moyenne culture à celle dont les domaines atteignent de 20 à 50 hectares, et de petite culture à celle dont les exploitations ne dépassent pas une étendue de 10 hectares, on constate que dans les quatre provinces du Limbourg, du Brabant septentrional, de Groningue et de la Frise, la propriété est très-divisée, mais qu'elle l'est beaucoup moins dans les cinq autres provinces et surtout dans la Gueldre. La grande culture possédant au-delà de 1,000 hectares domine dans la région sablonneuse; mais elle est l'exception dans la région argileuse et fertile. La petite culture s'étend, pour l'ensemble du pays, sur un centième environ du territoire; la moyenne culture est la règle générale dans toute la région argileuse.

Les grands propriétaires cultivent quelquefois directement leurs terres, mais le plus souvent par l'intermédiaire d'intendants ou de régisseurs. La moyenne culture est à peu près tout entière entre les mains des fermiers, et c'est ce qui explique sa richesse. Quant aux petits propriétaires, ils font valoir eux-mêmes leurs biens ; souvent ils sont en même temps fermiers.

Les baux sont établis d'après une législation analogue à la nôtre. Ils sont généralement de peu de durée ; rarement ils excèdent dix ans, le plus souvent ils sont de trois à six ans ; mais leur renouvellement se fait presque toujours sans difficultés. La province de Groningue pratique, depuis long-temps, une sorte particulière de bail connue sous le nom de *beklem-regt*, ou bail héréditaire, sur laquelle il peut être intéressant d'appeler l'attention. Le fermier paie un droit fixe annuel et, en outre, à chaque changement de locataire, un droit éventuel fixé d'avance ; mais son droit de location est transmissible par succession, par cession ou par vente. On se loue généralement des résultats obtenus par ce système de bail. Les agronomes hollandais lui attribuent le degré de prospérité vraiment remarquable auquel est arrivée l'agriculture de la province de Groningue. Des coutumes semblables se rencontrent dans d'autres parties de l'Europe, notamment dans l'Europe méridionale, et elles paraissent y avoir produit des résultats analogues (1). C'est ainsi que se trouve justifiée la pensée d'un économiste compétent : « Il n'est de modes de location très-favorables aux progrès de la production que ceux qui, par des stipulations bien entendues, créent aux cultivateurs un intérêt continu à ne rien négliger pour féconder de plus en plus le présent et l'avenir. » Le beklem-regt qui assure la jouissance continue du sol pendant un temps indéfini, réalise complétement ces conditions. Il n'est donc pas étonnant que l'on demande la propagation de cette coutume

(1) Voir notre Etude sur la statistique agricole du Portugal, insérée dans les Mémoires de la Société centrale d'agriculture de France, année 1874.

dans les autres parties des Pays-Bas ; elle paraît être, pour les pays où elle existe, une excellente solution du problème difficile de la part qui revient aux fermiers dans les profits résultant des améliorations permanentes que leur industrie a réalisées.

Quoique nous n'ayons pas ici à parler des desséchements opérés dans les Pays-Bas, nous ne pouvons cependant complétement passer sous silence les derniers travaux de ce genre qui ont été exécutés. C'est dans la Groningue et dans la Frise que, d'après les rapports provinciaux, ces opérations importantes sont le plus usitées aujourd'hui. Ainsi, dans la première de ces provinces, pendant l'année 1873, on a desséché plus de 3,600 hectares. Non-seulement, les desséchements sont continués avec une ardeur croissante, mais l'ancien système de fertilisation des terres stériles par les terres rapportées prend chaque année une plus grande extension. On peut en dire autant de l'emploi de la marne, principalement recherchée dans la Frise, pour les terrains bas et non endigués ; mais l'augmentation des frais de transport tend à restreindre cette utile pratique.

La valeur d'achat des terres est un des meilleurs indices pour juger de la richesse agricole ; cette valeur est, en effet, basée sur le revenu qu'elles donnent. D'une manière générale, le prix de la terre va en augmentant dans la plus grande partie des Pays-Bas. Dans la Groningue, la Gueldre, le Brabant septentrional, cette règle ne souffre que de très-rares exceptions. C'est dans les ventes des polders que l'on peut le mieux juger de ce fait. En 1873, 412 hectares de polders, au lac de Wijker, ont été vendus en moyenne 2,100 florins (4,368 francs), par hectare ; 346 hectares des polders de Spaamdammer, 1,800 florins (3,744 francs), par hectare. Les grandes superficies sont généralement vendues par lots : la dimension moyenne des parcelles, dans ces deux ventes, était de 6 hectares. Dans la Hollande septentrionale, les registres des communes, tenus année par année, et où sont consignés tous les actes relatifs aux ventes et aux locations, permettent de constater d'une manière frappante l'élévation croissante des prix de vente du sol ; pour les mêmes terres non bâties, les revenus se sont élevés de 1870 à 1872, c'est-à-dire en trois ans, de 149,157 à 1 1,085 florins.

Il ne faut pas, toutefois, conclure de ces faits que toutes les ventes de terres soient faites aux taux élevés qui viennent d'être indiqués. Pour n'en citer qu'un exemple, dans les polders du prince Alexandre, qui formaient autrefois les marais de Kraling, une vente de 2,550 hectares effectuée en 1874, n'a produit que 2,223,497 florins. Le prix moyen a été de 1,814 francs par hectare, avec des variations de 910 francs pour le prix le plus bas, à 2,055 francs pour le prix le plus élevé. Les terres vendues étaient généralement divisées en lots de 10 à 20 hectares, avec quelques-uns d'une étendue plus considérable.

En Zélande, les terres cultivées sont particulièrement vendues à des taux élevés ; en 1873, 26,397 hectares récemment endigués près de Dreischor, ont été vendus à raison de 2,225 florins (4,628 francs), par hectare, avec 12 pour 100 de frais. Dans le Brabant septentrional, le loyer du sol, et par suite son prix, varie peu. Dans des circonstances exceptionnelles, et lorsqu'il s'agit de prairies d'une grande fertilité, le prix de la terre s'élève à des taux très-élevés, à plus de 16,000 francs par hectare. — Dans la région sablonneuse des Pays-Bas, dans les parties où l'on pratique l'assolement triennal, les prix de vente s'élèvent rarement à 1,000 florins (2,080 francs) par hectare : dans beaucoup de cas, ils n'atteignent pas 500 florins. Il faut remarquer enfin que, dans les circonscriptions de Beugen, Cuyk et Valkenswaard, on constate une diminution dans les prix, et même assez notable. On attribue cet état de choses à l'élévation du taux des salaires et au manque d'ouvriers ruraux dans ces circonscriptions.

V.

Systèmes d'exploitation.

La diversité des sols et des conditions culturales implique une grande variation dans les systèmes de culture pratiqués dans les Pays-Bas. En effet, on peut y constater tous les degrés de l'échelle agricole, depuis la culture intermittente jusqu'à l'agriculture industrielle la plus avancée.

Dans les conditions ordinaires, les fermiers cultivent d'après une méthode fixée pour récolter chaque année une certaine proportion de tous les produits : Froment, Lin, Colza, légumes, Seigle, Avoine, Trèfle ou Pommes de terre. Ce système est surtout pratiqué dans la Zélande, le Brabant septentrional et le Limbourg. Dans la plupart des autres provinces, la plus grande partie du sol est en prairie, le reste est soumis à des assolements très-variés, ainsi qu'on peut le voir par les indications qui suivent.

Dans sa carte agronomique des Pays-Bas, M. Staring indique dix-huit assolements qui se rapportent aux conditions diverses de la culture dans les différents sols. Ces assolements peuvent se diviser en six catégories : culture intermittente, culture de la région sablonneuse, culture de la région argileuse, culture alterne, cultures sarclées, et enfin cultures diverses. En dehors de ces assolements, sont placées les quelques exploitations forestières du pays, ainsi que les domaines se composant uniquement de prairies dont les produits servent à l'entretien du bétail ou au commerce des fourrages.

La culture intermittente comprend, suivant cette classification, les terrains cultivés de temps en temps, tels que les hautes tourbières qu'on brûle pour y semer du Sarrasin, les terrains vagues dans les landes, les cultures de Pommes de terre dans les dunes, les prairies qu'on retourne et qu'on ensemence à intervalles plus ou moins rapprochés.

Dans la région sablonneuse, deux assolements sont principalement pratiqués : 1° l'assolement triennal, la terre arable portant pour deux tiers le Seigle et pour un tiers le Sarrasin; cet assolement comporte les terres laissées incultes pour la préparation du fumier, et où l'on nourrit souvent des moutons de la race de Drenthe, de Weluwe et de la Campine; les prairies ne reçoivent jamais d'engrais; — 2° l'assolement flamand, dans lequel les terres arables sont partagées par moitié entre le Seigle et les plantes alimentaires; les soins de culture sont meilleurs, on achète du fumier et du foin ; enfin les prairies sont fumées. Dans ces deux systèmes, les prairies sont tout à fait séparées des terres arables.

La région argileuse comporte six principaux assolements, ayant tous pour caractère commun la séparation des terres arables et des prairies, avec culture du Trèfle sur un huitième à un cinquième des terres arables. Ces assolements seraient les suivants : 1° culture du Seigle et du Froment sans jachère et sans plantes industrielles, assolement de six années ; — 2° Blé avec jachère et Colza ; assolement de cinq années, la terre arable portant un tiers en Froment ; — 3° Blé avec jachère et Colza, mais avec conversion de la terre arable pendant une année en prairie ; assolement de cinq années, principalement usité dans la Frise et dans la Hollande méridionale; — 4° Blé avec jachère et Colza, assolement de sept à huit ans; la culture du Seigle tend ici à disparaître; — 5° Blé avec jachère et Colza ; culture du froment de Zélande, en ajoutant le Lin et la Garance, ce qui fait que la terre ne porte qu'un quart ou un huitième en Froment ; — 6° culture irrégulière, non encore définitivement fixée, dans les polders récemment desséchés, mais commençant généralement par une récolte de Colza.

L'assolement alterne se présente, dans les Pays-Bas, sous deux formes qu'il faut indiquer : culture alterne des

Pommes de terre, Blé et prairies artificielles, telle qu'elle est organisée dans les colonies de bienfaisance ; culture alterne où la terre arable, après avoir été cultivée pendant six années, est transformée en prairie pendant deux ans et quelquefois davantage.

Les assolements de cultures sarclées sont les mêmes que ceux de la culture alterne, avec cette différence qne les céréales sont semées eñ lignes et nettoyées, et que les plantes dites sarclées occupent une large part dans la rotation. Ce système de culture est principalement en faveur dans les fertiles colonies tourbières de la Groningue.

En dehors de ces assolements, il faut placer les cultures de légumes, de Tabac, de Chanvre, de Houblon, les pépinières, les cultures florales dans les environs de Haarlem et de Noordwych. Il faut aussi citer les vergers cultivés pour le commerce des fruits qui, principalement autour des villes importantes, prennent une grande extension.

Les charges supportées par la propriété rurale et par l'agriculture dans les Pays-Bas sont à peu près analogues à celles qu'elles supportent en France. Les principaux impôts payés par l'agriculture sont :

1° L'impôt foncier ;

2° L'impôt personnel : portes, fenêtres, chevaux, domestiques, loyer ;

3° L'impôt sur l'abatage des bêtes à cornes ;

4° L'impôt sur le sel ;

5° L'impôt sur l'importation des machines ;

6° L'impôt sur les chemins ;

7° Les frais de desséchement des polders ;

8° L'impôt du timbre et de l'enregistrement ;

9° L'impôt sur les hypothèques et transferts de propriétés ;

10° L'impôt sur les successions ;

11° L'impôt sur les ventes publiques ;

12° L'impôt sur les vins, les boissons ;
13° La dîme dans beaucoup de localités.

En dehors des charges générales de l'Etat, il faut aussi compter les charges provinciales et communales qui viennent s'y ajouter. Mais pour ces derniers impôts, les communes ont le droit d'en établir l'assiette à leur convenance particulière.

L'impôt foncier produit à l'Etat environ 20 millions de francs ; la contribution personnelle, 15 millions ; l'impôt sur les boissons, à peu près 28 millions ; celui sur le sel, 20 millions. Les charges fiscales sont donc nombreuses et élevées, mais elles ne paraissent pas exercer une influence nuisible sur la marche de la production agricole.

DEUXIÈME PARTIE.

Statistique des principales productions.

I.

CULTURE DES CÉRÉALES.

Les céréales cultivées dans les Pays-Bas sont le Blé, le Seigle, l'Avoine, le Sarrasin, l'Orge et un peu d'Epeautre. Nous avons vu plus haut que leur culture s'étend sur un peu plus de la moitié des terres arables ; mais elle ne couvre pas plus de 15 pour 100 de la surface totale du pays. L'importance de chacune de ces cultures est loin d'être la même, comme il est facile de le montrer par quelques détails.

Froment.

Le Froment est très-inégalement cultivé dans les diverses provinces. Celles qui en produisent le plus sont la Zélande, la Hollande méridionale, le Limbourg, la Groningue et la Gueldre. Au dernier rang se place l'Over-Yssel; vient ensuite la province d'Utrecht. Enfin, la province de Drenthe n'a pas de culture de Blé.

Les variétés de Blés le plus généralement cultivées sont des variétés de pays recherchées pour leur rusticité. Le Blé dit de Zélande se fait remarquer par sa bonne qualité en même temps que par son rendement; de toutes les variétés de Blé hollandaises, c'est la plus estimée. Des importations de Blés anglais essayées sur une assez grande échelle, ont généralement peu réussi.

Le tableau suivant résume les étendues consacrées au Blé dans chaque province durant les vingt dernières années, ainsi que les rendements obtenus :

PROVINCES.	ÉTENDUE DES CULTURES EN BLÉ.			PRODUCTION du blé en 1873.	RENDEMENT MOYEN PAR HECTARE.		
	1851-1860	1861-1872	1873		1851-60	1861-72	1873
	Hectares.	Hectares.	Hectares.	Hectolitres.	Hectolitres.	Hectolitres.	Hectolitres.
Groningue	4,940	4,531	7,703	220,423	21.3	23.3	29.0
Frise	3,920	3,266	3,451	100,120	22.6	26.7	29.0
Over-Yssel	740	702	566	11,744	20.4	19.6	20.7
Gueldre	12,700	13,455	12,416	205,835	18.4	17.5	16.6
Utrecht	3,550	3,785	4,020	61,881	16.6	14.6	15.4
Hollande septentrionale	3,230	3,495	3,216	93,176	21.9	22.1	29.0
Hollande méridionale	11,800	11,456	12,310	299,687	19.7	23.7	24.3
Zélande	19,930	20,007	20,121	417,681	21.8	24.3	21.0
Brabant septentrional	7,820	8,275	8,629	186,133	18.9	20.9	21.6
Limbourg	12,700	12,886	14,237	238,289	15.6	18.7	16.7
PAYS-BAS	81,330	81,858	86,669	1,834,969	19.3	21.1	21.2

Pendant longtemps, la culture du Froment est demeurée stationnaire ; elle tend à prendre, depuis quelques années, une extension plus accélérée. Les procédés culturaux se perfectionnent, et ce perfectionnement est rendu manifeste par une augmentation sensible dans le produit moyen ; cette augmentation a atteint, en effet, 2 hectolitres par hectare pour tout le pays pendant les dix dernières années.

L'année 1873 peut être considérée comme une année moyenne ; si l'on prend pour terme de comparaison l'année 1864, qui dépassa un peu la moyenne, on trouve que la production du Blé a augmenté d'un million d'hectolitres environ pendant cette période ; elle était, en effet, de 1,745,000 hectolitres en 1864. Si la Gueldre, la Zélande, la Groningue, et les deux Hollandes tiennent le premier rang dans la production, c'est dans la Frise que les produits moyens sont les plus élevés.

Augmentation dans les surfaces cultivées et accroissement du rendement, tel est le bilan actuel de la culture du Blé.

Seigle.

Le Seigle est la providence des sols pauvres ; nulle part mieux que dans la région sablonneuse des Pays-Bas, cet adage agricole n'est démontré par les faits. La culture du Seigle y domine presque à l'exclusion des autres céréales ; la Gueldre, le Brabant septentrional et le Limbourg produisent ensemble en Seigle beaucoup plus que toutes les autres provinces réunies. Celles où nous venons de voir la culture du Froment dominer, produisent, par contre, une moindre quantité de Seigle.

Voici, pour la culture de cette céréale, un tableau analogue à celui de la production du Blé :

PROVINCES.	ÉTENDUE DES CULTURES EN SEIGLE.			PRODUCTION du seigle en 1873.	RENDEMENT MOYEN PAR HECTARE.		
	1851-60	1861-72	1873		1851-60	1861-72	1873
	Hectares.	Hectares.	Hectares.	Hectolitres.	Hectolitres.	Hectolitres.	Hectolitres.
Groningue	12,300	11,691	10,516	192,735	21.1	29.3	18.0
Frise	8,170	7,061	7,371	119,633	20.1	21.9	16.2
Drenthe	15,400	17,080	17,940	181,943	18.2	16.9	10.1
Over-Yssel	24,800	27,878	28,934	318,274	17.6	16.2	11.0
Gueldre	35,800	37,540	38,905	546,585	17.5	16.9	14.0
Utrecht	5,580	6,171	5,113	75,177	16.1	16.3	14.7
Hollande septentrionale	3,850	2,887	3,217	78,083	20.3	22.0	24.3
Hollande méridionale	4,860	3,695	2,057	47,869	20.9	23.3	23.3
Zélande	4,680	4,430	3,542	69,363	22.8	22.9	20.0
Brabant septentrional	44,680	47,087	47,959	797,298	17.2	16.5	16.6
Limbourg	28,600	29,506	31,846	433,360	15.5	15.6	13.6
Pays-Bas	188,720	195,046	197,400	2,860,320	18.0	17.2	14.5

Les réflexions que nous avons faites à l'occasion de la culture du Blé pourraient être répétées ici. La culture du Seigle augmente par suite de l'exploitation des terres incultes, et de meilleurs procédés de culture assurent des rendements plus élevés. L'année 1873 a été une année médiocre pour ce grain ; la production a été inférieure de 500,000 hectolitres environ à la production moyenne des dix années précédentes, qui avait été de 3,355,000 hectolitres.

Au Seigle on peut rattacher l'Epeautre. La culture de ce grain va sans cesse en diminuant. Elle n'est pratiquée aujourd'hui que dans la Gueldre, les deux Hollandes, le Brabant et le Limbourg, et encore n'a-t-elle pas dépassé 273 hectares en 1872, et 262 en 1873. La production moyenne est de 40 hectolitres par hectare.

Avoine.

L'Avoine est, après le Seigle, celle des céréales qui est cultivée sur la plus grande échelle. Ces deux grains paraissent d'ailleurs être alliés ensemble dans la plupart des assolements, et c'est dans les mêmes provinces que leur culture a pris le plus d'extension. On en jugera par la comparaison du tableau suivant avec le tableau analogue du paragraphe précédent :

PROVINCES.	ÉTENDUE DES CULTURES EN AVOINE.			PRODUCTION de l'Avoine en	RENDEMENT MOYEN PAR HECTARE.		
	1851–1860	1861–1872	1873	1873	1851–1860	1861–1872	1873
	Hectares.	Hectares.	Hectares.	Hectolitres.	Hectolitres.	Hectolitres.	Hectolitres.
Groningue.	22,480	28,094	27,268	1,204,521	42.4	47.7	48.0
Frise.	5,230	5,854	4,995	214,963	38.0	40.1	43.0
Drenthe.	1,460	1,972	2,280	74,651	25.0	27.7	22.7
Over-Yssel	2,900	3,305	3,774	91,161	27.0	24.3	24.2
Gueldre.	8,600	10,430	12,319	397,645	26.9	30.4	32.0
Utrecht.	1,280	1,587	1,749	47,643	22.0	24.1	27.2
Hollande septentrionale. . . .	4,955	5,607	5,757	233,836	41.5	40.6	40.6
Hollande méridionale.	8,030	9,023	8,774	355,673	41.6	43.1	40.5
Zélande.	3,560	5,112	5,547	229,515	33.8	40.4	41.0
Brabant septentrional.	13,670	18,068	18,938	712,033	32.3	36.1	37.6
Limbourg.	11,870	13,968	12,768	355,491	26.3	30.2	27.8
PAYS-BAS.	84,035	103,027	104,169	3,917,132	33.7	38.4	37.6

Les provinces dans lesquelles la production est la plus considérable, sont celles de Groningue, du Brabant septentrional et de la Gueldre.

On remarquera certainement le haut rendement moyen attribué par les documents qui sont étudiés ici, à l'Avoine pour l'ensemble du royaume, plus de 38 hectolitres par hectare pour la période décennale de 1861 à 1872 ; en 1864, ce rendement atteignait 43 hectolitres. En France, l'Avoine est loin de donner de semblables résultats ; d'après les documents publiés par l'administration de l'agriculture, le rendement de cette céréale, pour tout le territoire, aurait été de 21 hectolitres 58 durant les dix années de 1850 à 1859 ; de 22 hectolitres 26, de 1860 à 1869 ; et si l'on considère les dix dernières années de 1864 à 1874, de 22 h. 45. L'année dans laquelle la production a été la plus élevée, celle de 1872, n'a pas vu le rendement moyen s'élever au delà de 25 hectolitres 28. Mais dans la région septentrionale, la mieux cultivée, le rendement s'élève beaucoup au-delà ; en effet, les mêmes documents attribuent une production moyenne de 50 hectolitres d'Avoine par hectare pour le département du Nord.

Pour cette céréale, comme pour la plupart des autres, la province de Groningue tient le premier rang au point de vue de l'intensité de la production.

Orge.

L'Orge d'hiver et celle de printemps se partagent d'une manière à peu près égale les étendues consacrées à cette céréale dans les Pays-Bas ; elles couvrent une surface égale à un peu plus de la moitié de celle consacrée au Blé. C'est, parmi les principales céréales, celle qui est cultivée sur l'échelle la plus restreinte.

Le tableau suivant permet de se rendre compte de l'étendue cultivée en Orge dans les onze provinces, et des différences de rendement dans celles-ci :

PROVINCES	ÉTENDUE DES CULTURES EN ORGE.			PRODUCTION de l'orge en	RENDEMENT MOYEN PAR HECTARE.			
	1851-60	1861-72	1873	1873	1851-60	1861-72	1873	
							ORGE d'hiver.	ORGE de printemps.
	Hectares.	Hectares.	Hectares.	Hectolitres.	Hectolitres.	Hectolitres.	Hectolitres.	Hectolitres.
Groningue..........	13,600	13,845	15,135	690,318	38.8	41.8	48.2	36.0
Frise............	2,900	3,182	3,257	141,707	39.0	44.6	44.4	38.5
Drenthe...........	590	429	326	7,311	20.2	26.4	»	22.4
Over-Yssel........	1,900	1,607	1,425	27,700	23.1	21.3	23.5	18.9
Gueldre..........	2,300	2,294	2,515	60,230	23.2	23.7	26.8	22.6
Utrecht...........	275	206	126	2,921	22.9	23.6	23.2	»
Hollande septentrionale..	2,526	2,321	2,818	95,244	31.5	32.8	39.3	32.0
Hollande méridionale...	5,410	4,909	4,192	135,960	30.4	41.3	34.0	31.4
Zélande..........	8,100	9,880	9,816	339,743	36.9	39.6	35.0	34.0
Brabant septentrional...	2,550	2,951	3,351	102,011	24.4	32.2	36.4	25.8
Limbourg........	3,400	3,375	2,570	52,792	19.4	22.6	22.6	19.9
Pays-Bas........	43,551	44,999	45,531	1,655,937	32.4	36.1	41.8	20.4

La production de l'année 1873 a été un peu supérieure à la moyenne qui, pour la dernière période décennale, a été de 1,620,000 hectolitres. Il est à propos de faire remarquer ici, comme pour l'Avoine, que la production moyenne paraît notablement supérieure à celle de la France. Le produit moyen, dans la période décennale de 1864 à 1874 et pour tout le territoire, a à peine dépassé, chez nous, 18 hectolitres, et n'a pas donné beaucoup plus de 20 hectolitres par hectare dans l'année où le rendement a été le plus élevé.

Le produit de l'Orge d'hiver est généralement beaucoup plus fort que celui de l'orge de printemps; il n'est donc pas étonnant que la première tende à se substituer à la seconde. Pendant les sept années de 1866 à 1872, on a cultivé 25,190 hectares en Orge d'hiver et 21,910 en Orge de printemps.

Le rendement moyen a été, pour la seconde, de 30 hectolitres par hectare, tandis que celui de la première atteignait 40 hectolitres. En 1873, comme le montre le tableau précédent, la différence a été beaucoup plus sensible; elle atteint la proportion du simple au double.

Sarrasin.

Le Sarrasin est cultivé sur une large échelle dans quelques-unes des provinces des Pays-Bas, principalement dans le Brabant septentrional, la Gueldre, l'Over-Yssel et la Frise. Mais cette culture ne prend pas une grande extension, ainsi qu'on pourra s'en convaincre par les chiffres que présente le tableau suivant :

	ÉTENDUE des cultures.		RÉCOLTE du sarrasin en 1873.	PRODUIT MOYEN par hectare.	
	1866-72	1873		1866-72	1873
Groningue..........	2,127	1,395	23,192	16.4	17.0
Frise............,....	4,564	4,874	101,118	19.7	20.7
Drenthe	2,448	2,493	49,092	17.5	19.6
Over-Yssel..,.......	7,098	7,369	99,096	15.6	13.4
Gueldre.............	14,238	14,274	172,621	16.5	12.1
Utrecht.............	5,681	5,525	80,413	14.6	14.6
Hollande septentr....	966	807	13,651	16.1	16.9
Hollande méridionale.	5	2	48	17.8	24.0
Zélande............	425	337	5,058	17.8	15.0
Brabant septentr......	14,123	14,459	227,581	18.6	15.7
Limbourg..........	5,664	4,131	42,979	15.2	10.4
	57,429	55,666	814,849	16.9	14.6

Ces chiffres montrent de grandes inégalités dans les rendements, suivant les provinces. L'année 1873 a été inférieure à une année moyenne, le produit moyen annuel, de 1866 à 1872, ayant été de 970,000 hectolitres.

Les nombres qui viennent d'être établis se rapportent aux assolements réguliers. En dehors de ceux-ci, le Sarrasin est cultivé sur les tourbières ou sur les landes défrichées. Le produit qu'il y donne est médiocre ; mais pour établir avec précision les étendues consacrées à cette céréale, il faut en tenir compte. C'est ainsi que, de 1866 à 1872, les tourbières ont été couvertes de Sarrasin sur une étendue totale de 10,873 hectares, dont 5,656 dans le Drenthe, 1,509 dans le Brabant septentrional, et 1,442 dans la Groningue. Le produit moyen par hectare ayant été d'un peu plus de 10 hectolitres, c'est un total de 110,000 hectolitres qu'il faut ajouter aux 970,000 hectolitres déjà indiqués pour la production du Sarrasin. En 1873, la récolte a été relativement plus abondante dans ces sortes de cultures; elle a atteint 137,295 hectolitres, qui doivent être ajoutés au total fourni, pour cette année, par le tableau précédent.

Résumé de la culture et du commerce des céréales.

Après avoir rapidement indiqué les principales conditions de la culture des céréales dans les Pays-Bas, nous croyons important de présenter dans un seul tableau le résumé de leur production moyenne pendant la période de 1861 à 1872.

A côté des superficies consacrées à chaque culture dans chaque province, nous indiquons la production moyenne totale en hectolitres. On peut ainsi facilement se rendre compte du rang que chacune des provinces des Pays-Bas occupe dans la production des céréales; notons toutefois que, pour le Sarrasin, les chiffres de ce dernier tableau se rapportent à la période de 1866 à 1872, et aux seules quantités obtenues dans les assolements réguliers :

Tableau de la production moyenne annuelle des céréales, de 1861 à 1872.

PROVINCES.	FROMENT.		SEIGLE.		ÉPEAUTRE.		AVOINE.		ORGE.		SARRASIN (1866-1872).	
	Surface cultivée en hectares.	Production totale en hectolitres.	Surface cultivée en hectares.	Production totale en hectolitres,	Surface cultivée en hectares.	Production totale en hectolitres.	Surface cultivée en hectares.	Production totale en hectolitres.	Surface cultivée en hectares.	Production totale en hectolitres.	Surface cultivée en hectares.	Production totale en hectolitres.
Groningue.	4,531	105,572	11,691	342,546	»	»	28,094	1,338,984	13,845	578,721	2,127	34,883
Frise.	3,266	87,202	7,061	154,636	»	»	5,854	234,745	3,182	141,917	4,564	89,911
Drenthe.	»	»	17,080	288,652	»	»	1,972	54,624	429	11,326	2,448	42,836
Over-Yssel.	702	13,759	27,878	451,624	»	»	3,305	80,312	1,607	34,229	7,098	110,729
Gueldre, ...	13,453	235,462	37,540	634,422	26	1,126	10,430	317,072	2,294	54,368	14,238	234,927
Utrecht.	3,785	55,261	6,171	100,587	»	»	1,587	38,247	206	4,862	5,681	82,943
Hollande septentrion.	3,495	77,239	2,887	63,514	33	1,155	5,607	227,644	2,321	76,129	966	15,553
Hollande méridionale.	11,456	271,507	3,655	85,162	140	6,048	9,023	388,891	4,909	202,742	5	89
Zélande.	20,007	486,170	4,450	102,905	»	»	5,119	206,808	9,880	391,248	425	7,565
Brabant septentrional.	8,275	172,947	47,087	776,935	86	3,311	18,068	652,255	2,951	95,022	14,123	262,688
Limbourg.	12,886	240,968	29,506	460,294	74	2,368	13,968	421,834	3,375	76,275	5,664	86,193
Totaux.	81,858	1,746,087	195,046	3,461,277	359	14,008	103,027	3,961,416	44,999	1,666,839	57,429	968,317

La production des céréales est loin de suffire aux besoins de la consommation dans les Pays-Bas. L'Avoine est le seul grain qui donne lieu à un commerce d'exportation important. C'est ce que prouve d'une façon irrécusable le tableau du commerce des grains avec l'étranger.

Pour le Blé, les importations ont atteint, pendant les cinq années de 1869 à 1873, 6,261,000 hectolitres, tandis que les exportations ne s'élevaient qu'à 1,561,000 hectolitres. C'est, pendant les cinq années, un excédant de 4,700,000 hectolitres en faveur des importations ; soit, en moyenne pour chaque année 940,000 hectolitres. L'importation a donc atteint presque la moitié de la production moyenne. Le mouvement présente des oscillations irrégulières, mais qui font peu varier cette conclusion ; ainsi, l'année 1869 où la différence entre les exportations et les importations est la plus faible, donne un excédant de 582,000 hectolitres en faveur de celles-ci ; cet excédant a dépassé 1,200,000 hectolitres en 1871, et a été bien près d'atteindre ce chiffre en 1873. En s'appuyant sur ces faits, on peut évaluer à 2,686,000 hectolitres la consommation moyenne annuelle du Blé dans les Pays-Bas.

En ce qui concerne le Seigle, on trouve un excédant beaucoup plus considérable en faveur des importations. En effet, celles-ci, pendant les mêmes années de 1869 à 1873, ont été de 11,328,000 hectolitres, tandis que les exportations n'étaient que de 443,000 hectolitres. C'est, pour toute la période, un excédant d'importation égal à 10,885,000 hectolitres, ou pour chaque année à 2,177,000 hectolitres, soit près des deux tiers de la quantité produite par l'agriculture du pays. C'est en 1871, comme pour le Blé, que l'excédant des importations a été le plus élevé ; il a atteint 2,970,000 hectolitres.

Pour l'Avoine, toutefois, il n'en est plus de même. Chaque année, les exportations dépassent de beaucoup les importations. Pour la période que nous considérons, les importations n'ont été que de 347,000 hectolitres, tandis que les exportations ont atteint 3,330,000 hectolitres. Il y a donc pour celles-ci un excédant de 2,983,000 hectolitres pendant les cinq années, soit de 596,000 hectolitres par an. L'année où cet excédant a été le plus faible, en 1873, il a encore atteint 374,000 hectolitres. On peut dire, d'une manière générale, que les Pays-Bas exportent chaque année un peu moins du sixième de l'Avoine produite par leur agriculture.

Le commerce de l'Orge présente les mêmes faits que celui du Blé ou du Seigle : excédant considérable des importations sur les exportations. De 1869 à 1873, il a été importé 5,526,000 hectolitres d'Orge, tandis que les exportations étaient de 2,239,000 hectolitres. Il y a donc eu, en faveur des importations, un excédant annuel de 657,000 hectolitres, soit plus du tiers de la production.

Quoique, pour le Sarrasin, on doive aussi constater un excès constant des importations sur les exportations, c'est cependant sur cette céréale que cet excès est le moins considérable, à raison de sa consommation limitée chaque jour davantage. De 1869 à 1873, les exportations étant de 55,000 hectolitres, les importations ont atteint le chiffre de 851,000 hectolitres. C'est un excédant total de 796,000 hectolitres, ou de 159,000 hectolitres par an ; ce chiffre atteint environ le sixième de la production.

Les éléments manquent pour traduire tous ces faits en leur valeur monétaire. Nous pouvons dire, toutefois, qu'en 1873, les Pays-Bas ont dû importer, toute défalcation étant faite des exportations, pour plus de 50 millions de francs en céréales diverses. Les quantités qu'ils produisent sont tout à fait insuffisantes à la satisfaction des besoins du pays ; on verra plus loin comment cette infériorité est largement compensée par d'autres productions agricoles d'une grande valeur.

II.

PLANTES LÉGUMINEUSES ET POTAGÈRES.

Les principales légumineuses cultivées dans les Pays-Bas sont les Féveroles et les Pois.

C'est dans les deux provinces de la Groningue et de la Zélande que les Féveroles sont principalement cultivées ; dans chacune de ces provinces, elles occupent, chaque année, environ 9,000 hectares, c'est-à-dire la moitié de l'étendue totale qui leur est consacrée dans tout le pays. La culture des Féveroles subit une lente décroissance. De 1851 à 1860, elle comptait, chaque année, en moyenne, 35,739 hectares ; de 1861 à 1872, ce chiffre est descendu à 33,536 ; en 1873, il était de 34,645. Le rendement moyen a peu varié ; il a été de 21 hectol. 3 pendant la première période, de 20 hectol. 9 pendant la deuxième, et de 22 hectol. 7 en 1873. Cette année-là, la récolte totale a dépassé 887,000 hectolitres.

Les Pois occupent, au contraire, une étendue de plus en plus considérable. En 1873, ils couvraient 18,265 hectares, tandis que pendant la période décennale de 1861 à 1872, ils ne s'étendaient que sur 13,958 hectares, et sur une étendue plus faible encore pendant la période précédente. Le rendement moyen varie, pour l'ensemble du territoire, de 23 à 24 hectolitres par hectare. Dans quelques parties privilégiées de la Hollande méridionale ou de la Frise, il atteint 30 hectolitres, c'est-à-dire le même chiffre que dans les Flandres, avec un produit de 2,000 kilogrammes de fanes.

La plante potagère de grande culture, à peu près exclusivement adoptée dans les Pays-Bas, est la Pomme de terre. Sa culture va sans cesse en s'accroissant, de même que le produit.

Le tableau suivant le montre d'une manière saisissante :

PROVINCES.	ÉTENDUE CULTIVÉE.			RÉCOLTE des pommes de terre en 1873.	PRODUIT MOYEN PAR HECTARE.		
	1851–60	1861–72	1873		1851–60	1861–72	1873
	Hectares.	Hectares.	Hectares.	Hectolitres.	Hectolitres.	Hectolitres.	Hectolitres.
Groningue	5,860	8,940	12,218	2,481,579	146	179	203
Frise	9,070	9,591	13,097	1,865,324	120	136	142
Drenthe	3,960	6,262	7,634	1,156,939	126	155	152
Over-Yssel	9,540	10,603	11,775	1,242,179	100	113	105
Gueldre	20,850	23,382	26,422	3,389,033	133	136	128
Utrecht	3,730	3,950	6,418	591,292	121	138	92
Hollande septentrionale	3,384	4,062	5,015	590,209	111	132	118
Hollande méridionale	9,230	12,530	13,329	1,782,064	123	145	133
Zélande	4,290	5.298	5,659	817,299	112	138	144
Brabant septentrional	18,180	19,716	21,744	2,665,115	112	115	123
Limbourg	7,740	9,670	10,349	1,319,854	100	112	128
PAYS-BAS	95,834	114,004	133,660	17,900,927	120	134	133

La Gueldre, le Brabant et la Groningue donnent la plus grande production. L'année 1873 peut être considérée comme une bonne année moyenne. Dans quelques exploitations, le rendement atteint 220 à 240 hectolitres à l'hectare.

Les Pommes de terre donnent lieu à un commerce important avec l'étranger. De 1869 à 1873, l'excédant annuel des exportations sur les importations a été, en moyenne, de 546,000 hectolitres, sans descendre au-dessous de 300,000 hectolitres, et en s'élevant jusqu'à près de 900,000 hectolitres en 1872.

III.

PLANTES INDUSTRIELLES.

Les principales cultures industrielles, dans les Pays-Bas, sont la Betterave, le Colza, le Lin, le Chanvre, la Chicorée, les plantes à graines oléagineuses, le Houblon, la Garance, le Tabac.

Betteraves.

Quoique la culture de la Betterave n'ait pas pris, dans la Néerlande, la même importance que le Colza et le Lin, le rôle que joue cette précieuse racine, partout où elle s'implante, justifie parfaitement le rang que nous lui donnons ici.

La Betterave fourragère est cultivée dans les Pays-Bas depuis le commencement du siècle; mais la Betterave à sucre n'a pas été importée depuis plus de vingt ans. Pendant que l'industrie sucrière faisait de grands progrès dans nord de la France et en Belgique, elle ne s'implantait que lentement en Néerlande. On le comprend facilement, quand on considère le discrédit que devaient jeter sur la nouvelle industrie les raffineries qui avaient trouvé des bénéfices très-considérables dans le travail des sucres de Canne envoyés bruts à la métropole par les colonies néerlandaises.

La première fabrique de sucre de Betteraves établie en Néerlande fut créée en 1858. Dix ans après, on en comptait 20 en fonctionnement ou en construction ; en 1873, le nombre des fabriques était de 32.

Le tableau suivant indique les dates de la création et le mouvement de ces fabriques, à partir de 1865, dans les huit provinces où il en existe aujourd'hui.

PROVINCES.	NOMBRE DE FABRIQUES DE SUCRE DE BETTERAVES EXISTANT EN								
	1865	1866	1867	1868	1869	1870	1871	1872	1873
Over-Yssel	»	1	1	1	1	1	1	1	1
Gueldre	»	»	1	2	2	2	2	2	2
Utrecht	»	»	»	»	»	»	1	1	1
Hollande septentrionale	1	1	1	1	1	1	1	1	2
Hollande méridionale	2	2	2	2	2	2	3	3	3
Zélande	»	»	»	»	»	»	»	1	1
Brabant septentrional	4	6	9	11	11	11	15	20	21
Limbourg	»	1	3	3	2	3	1	1	1
Totaux	7	11	17	20	19	20	24	30	32

On voit que c'est dans le Brabant septentrional que sont réunies la plupart des fabriques.

Quant à la culture des Betteraves à sucre, elle se répartit de la manière suivante entre les provinces :

	ÉTENDUE DES CULTURES.		RENDEMENT des betteraves par hectare en 1873.
	1866-1872.	1873.	
	Hectares.	Hectares.	Kilogr.
Over-Yssel.	145	112	35,000
Gueldre	1,792	3,486	30,000
Utrecht..	87	112	30,000
Hollande septentrionale .	57	150	20,000
Hollande méridionale. . .	1,297	2,258	29,000
Zélande	2,117	3,956	29,000
Brabant septentrional . .	2,506	4,278	30,000
Limbourg	192	280	23,900
Pays-Bas.	8,193	14,632	28,400

Ce tableau montre que la culture de la Betterave est centralisée aujourd'hui principalement dans les provinces du Brabant septentrional, de la Zélande, de la Gueldre et de la Hollande méridionale. Quoique l'on n'en ait pas encore planté dans les provinces de Groningue, de la Frise et de Drenthe, et qu'elle ne fasse que des progrès insensibles dans l'Over-Yssel, l'étendue des plantations a dépassé, en 1873, de 1,742 hectares celles de l'année précédente. Dans la Groningue, on continue à poursuivre des essais de culture.

Les Betteraves du Limbourg sont, en grande partie, livrées aux fabriques de sucre de la Belgique. En 1873, les prix de vente des Betteraves aux fabriques ont varié de 8 florins à 11 flor. 50 (soit de 16 fr. 65 à 23 fr. 90) par 1,000 kilogrammes. Les prix de location des terres aux fabricants pour

la culture de la Betterave ont été compris entre 435 et
645 francs par hectare.

Dès cette époque, une crise, analogue à celle qui sévi-
sait en France à raison du bas prix des sucres, faisait
naître de nombreuses craintes relativement aux relations
futures des fabricants et des cultivateurs.

L'année 1873 a vu clore en faveur de l'agriculture le
grand procès soulevé entre un grand nombre de cultivateurs
et le fisc sur la question de savoir si la Betterave était sujette
à la dîme. Le fisc s'appuyait, pour réclamer la dîme, sur un
édit des États de Zélande, remontant à 1736, qui déclarait les
Pommes de terre, ainsi que les Topinambours, sujets à la dîme.
Il a fallu de nombreuses plaidoiries pour arriver à faire rejeter
cette assimilation qui, en fait, paraît d'autant moins fondée
que les Betteraves, et surtout les Betteraves à sucre, étaient
alors tout à fait inconnues dans la Néerlande. Ce n'est qu'à
la fin du XVIIIᵉ siècle que la Betterave fourragère commença
à être introduite dans le pays et à être employée pour
l'alimentation du bétail.

Lin et Colza.

Le Lin est une des plantes auxquelles convient le mieux
le climat des Pays-Bas. La culture en est très-soignée,
et elle donne des produits très-avantageux, particulièrement
dans la Groningue et la Frise; c'est dans cette dernière
province qu'elle est aussi plus répandue. Dans la province
d'Utrecht, on ne cultive pas cette plante.

La répartition de cette culture dans les provinces est
actuellement la suivante. On peut facilement, en comparant les chiffres qui se rapportent aux diverses périodes, voir
dans quelle proportion elle s'est accrue.

PROVINCES.	ÉTENDUE DES CULTURES DE LIN.			RÉCOLTE DE 1873		PRODUIT PAR HECTARE	
	1851–1860	1861–1872	1873	en Lin.	en graines.	en Lin.	en graines.
	Hectares.	Hectares.	Hectares.	Kilog.	Hectolitres.	Kilog.	Hectolitres.
Groningue.	360	1,404	2,343	1,405,800	35,145	600	15.0
Frise.	3,530	5,201	5,501	3,465,630	68,212	630	12.4
Drenthe..	»	62	49	15,798	416	353	8.5
Over-Yssel.	530	489	438	87,600	2,190	200	5.0
Gueldre.	520	522	515	194,155	2,596	377	5.0
Hollande septentrionale. . . .	1,010	2,681	1,926	1,236,492	16,756	642	8.7
Hollande méridionale..	2,890	2,751	2,299	1,453,488	19,697	642	8.7
Zélande.	2,720	3,414	4,084	2,621,928	35,531	642	8.7
Brabant septentrional.	2,770	3,943	4,090	1,505,940	34,240	379	8.6
Limbourg..	660	652	667	177,501	6,286	266	9.4
PAYS-BAS.	14,990	21,119	21,912	12,164,332	221,069	555	10.0

Après la Belgique et la Russie, la Néerlande est le pays d'Europe qui produit, proportionnellement à sa surface, la plus grande quantité de Lin ; cette proportion est de 2 pour 100 environ de la production totale de l'Europe, si l'on ne tient compte que de la surface cultivée ; elle est plus forte si l'on considère aussi le rendement. Voici, d'ailleurs, comment, d'après les différentes statistiques, la production du Lin se répartissait, en 1873, pour toute l'Europe :

	Hectares.
Russie.	640,000
Allemagne.	184,026
Autriche.	112,728
France.	65,000
Belgique.	57,045
Irlande.	51,773
Pays–Bas	21,912
Suède.	15,148
Grande-Bretagne	5,873
Autres pays.	15,000
Total.	1,168,505

La graine de Lin est l'objet d'un commerce d'exportation très-important ; la graine dite de Zélande est très-estimée, et elle fait sur les marchés étrangers une concurrence active aux graines de Russie.

La valeur moyenne de la production du Lin dans les Pays-Bas est estimée à plus de 40 millions de francs.

Tandis que la culture du Lin va en progressant, celle du Colza se restreint dans des proportions très-sensibles ; cette diminution a atteint durant les dix dernières années 30 pour 100 des surfaces consacrées à cette plante dans la période précédente. On peut le constater par les chiffres suivants : de 1851 à 1860, on cultivait en moyenne, chaque année, 28,658 hectares en Colza ; de 1861 à 1872, ce chiffre s'est abaissé à 21,808 hectares, pour descendre encore plus bas, à 17,270 hectares en 1873. Dans cette dernière année, la récolte totale en graines a été de 430,300 hecto-litres, le produit moyen étant de 24 hectolitres 9 par hectare; il était de **18** hectolitres **5**, de **1851** à **1860**, et de **20** hectolitres **7**, de **1861** à **1872**. C'est dans la Frise et dans la Hollande septentrionale que la culture du Colza a été abandonnée sur la plus grande échelle ; les provinces qui en récoltent le plus sont celles de Groningue, de la Zélande et de la Hollande méridionale ; celle de Drenthe occupe le dernier rang.

Plantes industrielles diverses.

Quelques autres plantes industrielles ne sont cultivées dans les Pays-Bas que sur des étendues restreintes ; elles méritent néanmoins l'attention et demandent une mention spéciale.

En première ligne, il faut placer le Chanvre. Il n'est cultivé que dans six provinces : Over-Yssel, Gueldre, Utrecht, Hollande méridionale, Brabant septentrional et Limbourg, mais d'une manière très-inégale suivant ces provinces. Ainsi, tandis que dans la période de **1861** à **1872**, la Hollande méridionale comptait annuellement **1,258** hectares de Chanvre, le Limbourg n'en comptait que **94**, et les autres provinces de **5** à **27**. La diminution de cette culture est aussi un fait à enregistrer. Les étendues totales cultivées en Chanvre, en **1873**, n'ont été que de **1,118** hectares, tandis qu'on en comptait **1,436**, de **1861** à **1872**, et **1,556**, de **1851** à **1860**. La récolte de **1873** a atteint **912,000** kilogrammes de filasse et **15,260** hectolitres de graines. C'est un rendement de **815** kilogrammes de filasse et **13** hectolitres 6 de graines par hectare.

Le Tabac n'est cultivé que dans quatre provinces : Gueldre, Utrecht, Brabant septentrional et Limbourg, et encore sa culture est-elle à peu près exclusivement confinée dans les deux premières de ces provinces. Elle s'étendait annuellement, de **1861** à **1872**, sur **1,815** hectares, et en **1873**, sur **1,759**. Le rendement moyen a été, pendant cette dernière année, de **2,400** kilogrammes à l'hectare.

Le Houblon ne couvre guère que 200 hectares, dans la Gueldre et le Brabant septentrional.

La Garance offrait autrefois de grands avantages aux agriculteurs qui se livraient à cette culture sur une assez grande échelle, principalement dans la région argileuse et dans quelques districts favorisés par la douceur de leur climat ; mais aujourd'hui que la garancine est détrônée par les couleurs analogues dérivées de la houille, la Garance perd chaque année du terrain dans les Pays-Bas. Ainsi, pendant que cette plante couvrait, de 1851 à 1860, 4,315 hectares, elle n'en a plus occupé que 3,863, de 1861 à 1872, pour tomber à 3,006 hectares en 1873. Néanmoins, la récolte de cette année a dépassé 6,841,000 kilogrammes. Le rendement par hectare est évalué à 2,240 kilogrammes, en prenant la moyenne des récoltes de deuxième et de troisième année. C'est dans les provinces des deux Hollandes, du Brabant septentrional, et surtout de la Zélande, que la culture de la Garance est pratiquée ; la Zélande produit à elle seule les deux tiers de la récolte des Pays-Bas.

La Chicorée occupe, dans la Frise, 1,936 hectares, et dans tout le royaume, 2,169 hectares. C'est dire que cette culture est à peu près exclusivement confinée dans cette province.

Les graines oléagineuses diverses : Cameline, Colza d'été, Moutarde, etc., couvrent, pour tout le royaume, 3,850 hectares. La Moutarde, exclusivement cultivée dans la Hollande septentrionale, y occupait, en 1873, 1,660 hectares. Le Colza d'été s'étend, dans tous les Pays-Bas, sur 1,045 hectares.

Enfin, la culture du Chardon à foulon, autrefois assez répandue, disparaît rapidement ; 10 hectares seulement lui étaient consacrés en 1873.

Commerce des produits des industries agricoles.

Le sucre fourni par les Betteraves dans les Pays-Bas

n'est qu'une très-faible partie des quantités nécessaires pour alimenter les nombreuses raffineries qui forment une des principales branches de l'industrie néerlandaise. Celle-ci travaille annuellement plus de 100 millions de kilogrammes de sucres bruts coloniaux, venant principalement des colonies des Indes orientales, et son exportation annuelle de sucres travaillés, tant de Betteraves que de Canne, atteint le chiffre de 85,500,000 kilogrammes, en pains ou en poudres. En même temps on exporte 98 millions de kilogrammes de sucres bruts de Betteraves. L'industrie sucrière hollandaise, par suite de la situation créée par les traités, jouit d'une grande prospérité, tandis que l'industrie sucrière française traverse une crise des plus pénibles.

Les produits de la Garance donnent lieu à une exportation qui atteint encore aujourd'hui 9 millions de francs par an. La plupart des graines oléagineuses ne suffisent pas aux besoins de la consommation du pays qui doit avoir recours à de nombreuses importations.

Quant aux produits du Lin, ils sont l'objet d'un commerce d'exportation qui dépasse de plus de 26 millions de francs la valeur des importations. C'est une des branches du commerce agricole avec l'étranger qui donne lieu aux transactions les plus actives et qui rapporte le plus au pays.

IV.

PLANTES FOURRAGÈRES. — PRAIRIES.

Dans les parties des Pays-Bas où la culture alterne a pris une grande extension, les plantes fourragères annuelles et les prairies artificielles ont reçu un développement considérable. Mais il est difficile de fixer d'une manière précise les limites de ce développement, car beaucoup de plantes fourragères sont prises en cultures dérobées sur les autres plantes.

Les plantes fourragères cultivées sur la plus grande échelle sont le Trèfle et la Spergule ; il faut y ajouter les Betteraves fourragères, les Choux-Raves, les Navets, les Carottes, etc. Les deux premières de ces plantes que nous devons considérer à part, parce qu'elles sont les seules que l'on puisse séparer complétement des autres cultures, couvrent environ 10 pour 100 de la totalité des terres arables ; elles sont principalement répandues dans les provinces de la Groningue, de la Gueldre et du Brabant septentrional, comme on peut s'en convaincre par un coup d'œil jeté sur le tableau suivant qui se rapporte à l'année 1873 :

	TRÈFLE. Hectares.	SPERGULE. Hectares.
Groningue	4,941	643
Frise.	663	616
Drenthe.	1,001	1,759
Over-Yssel	1,031	6,631
Gueldre.	4,142	14,713
Utrecht	871	615
Hollande septentrionale. . . .	1,509	»
— méridionale.	4,909	61
Zélande	5,365	37
Brabant septentrional.	6,920	21,346
Limbourg.	4,261	3,861
Totaux	35,613	50,282

La récolte moyenne, pour le Trèfle, est estimée à 6,000 kilogrammes par hectare dans la Groningue et la Frise ; dans la Zélande, elle est évaluée à 4,000 kilogrammes pour la première coupe, et 2,800 pour la seconde ; dans les polders du Brabant septentrional, on l'estime à un peu plus de 5,000 kilogrammes. Dans beaucoup de cantons, on se plaint des dégâts causés dans les Trèfles par les mulots ; ainsi, en 1873, les ravages de ces animaux qui sont très-nombreux dans le lac desséché de Haarlem, y ont fait descendre le rendement à 3,000 kilogrammes par hectare. La culture du Trèfle tend, d'ailleurs, à prendre chaque année une plus grande extension.

Les Betteraves fourragères sont principalement cultivées dans la Zélande, le Limbourg, la Gueldre et la Groningue. Dans la Zélande, on évaluait, en 1873, le rendement moyen à 32,000 kilogrammes par hectare, et dans le Brabant, de 30,000 à 35,000. On les a cultivées, cette année-là, sur 6,264 hectares dans tous les Pays-Bas.

Les Navets atteignaient, en culture dérobée, le chiffre considérable de près de 45,000 hectares; le Brabant et la Gueldre tiennent ici le premier rang. Les Carottes sont cultivées, de la même manière, sur près de 11,000 hectares, et les Choux-Raves sur 11,800 hectares. C'est principalement dans la Zélande que l'on sème les Carottes; elles sont en général employées pour la nourriture des chevaux. Leur culture occupe presque partout le sol après un Seigle coupé en vert.

Le Panais n'occupe qu'une surface très-restreinte, 210 hectares pour tous les Pays-Bas, dont 110 exclusivement dans la province d'Utrecht. Dans la plupart des provinces, cette plante est limitée aux jardins potagers.

La culture de la Serradelle tend à prendre de l'importance dans le Limbourg, le Brabant septentrional et la Gueldre. Elle occupait, dans tous les Pays-Bas, 1,558 hectares en 1873. Elle paraît réussir assez bien dans ces provinces, tandis que les essais faits ailleurs ont généralement échoué. C'est avec le Seigle que cette plante est généralement combinée.

Les Vesces sont toujours peu cultivées; elles ne comptent que 2,000 hectares environ dans tout le pays. Mais le Lupin, qui n'avait jusqu'ici été semé que pour être retourné et servir de fumure verte, tend à prendre de l'extension pour servir de fourrage; sa culture est cependant encore très-limitée.

L'extension des cultures fourragères tend à faire disparaître les Jachères; néanmoins, celles-ci existaient encore en 1873 sur 21,553 hectares. Ce chiffre était resté à peu près stationnaire pendant les huit années précédentes.

Aux cultures fourragères se rattachent naturellement les prairies naturelles qui n'occupent pas moins du tiers de la superficie totale des Pays-Bas. On les distingue en deux groupes, les prairies fauchables et les pâtures. Celles-ci, comme leur nom l'indique, sont pâturées par les animaux domestiques, mais elles ne sont pas fauchées. Dans la première catégorie, le rendement s'élève de 3,000 à 5,000 kilogrammes pour la première coupe par hectare, et il varie du tiers aux deux tiers de ce chiffre pour la deuxième coupe.

Le tableau suivant permet de se rendre compte de la répartition des prairies dans les diverses provinces :

	Prairies fauchables.	Pâtures.	Total.	Proportion pour 100 de la surface totale.
Groningue.	24,969	36,606	61,575	26.9
Frise.	99,918	95,644	195,562	59.3
Drenthe	28,641	32,520	61,161	24.1
Over-Yssel.	53,296	54,754	108,050	32.2
Gueldre.	42,290	98,333	140,623	27.7
Utrecht.	23,653	34,975	58,628	49.3
Hollande septentrionale .	»	»	151,966	56.0
— méridionale. . .	»	»	143,516	48.4
Zélande	»	»	37,820	22,2
Brabant septentrional . .	43,039	59,789	102,828	22.2
Limbourg	10,268	11,504	21,772	9.9
Total et moyenne. . . .	»	»	1,083,501	33.8

Les prairies fauchables et les pâtures n'ont pas été séparées dans les deux Hollandes et dans la Zélande.

Le total diffère de celui qui a été donné plus haut, mais dans des proportions qui ne doivent pas étonner, quand on considère que les chiffres du premier tableau ont été établis d'après le cadastre, et que ceux-ci ont été déterminés d'après les déclarations des agriculteurs et des agents provinciaux.

On voit que les deux Hollandes, la Frise et l'Utrecht sont les quatre provinces qui possèdent la plus grande proportion de prairies ; celle-ci y varie de 48 à 59 pour 100 du sol total. Le Limbourg est, à ce point de vue, le moins bien partagé et de beaucoup, par rapport aux autres provinces.

TROISIÈME PARTIE.

Le bétail.

D'après les documents réunis par les soins du ministère de l'Intérieur, la population des Pays-Bas en animaux domestiques, pendant l'année 1873, se décomposait de la manière suivante :

	Têtes.
Espèce chevaline.	253,394
— asine et mulassière.	3,466
— bovine.	1,432,091
— ovine.	901,515
— caprine.	146,169
— porcine	360,258

On voit immédiatement combien l'espèce bovine domine. C'est, en effet, son élevage et son exploitation qui constituent une des principales sources de richesse de l'agriculture néerlandaise.

Il sortirait des cadres de ce travail, d'entrer dans la description des races qui, pour chacune des espèces, forment la population de chaque province (1). Nous resterons donc dans les limites que nous nous sommes tracées, en indiquant ici, pour les diverses provinces, le nombre de têtes de chacune des espèces : ce tableau nous donnera des renseignements intéressants que nous développerons ensuite. Tous les chiffres, il est inutile de le rappeler, se rapportent à l'année 1873. Voici ce tableau :

(1) Depuis que ce Mémoire a été écrit, M. A. Sanson a publié dans le *Journal de l'Agriculture*, d'octobre à décembre 1876, une étude importante sur la race bovine des Pays-Bas ; il y analyse les caractères qui distinguent chaque variété, en donnant des renseignements précieux sur le mouvement des marchés au bétail et des foires dans les diverses provinces.

Tableau du dénombrement du bétail en 1873.

PROVINCES.	ESPÈCE chevaline.	ESPÈCE ASINE et mulassière.	ESPÈCE BOVINE.	ESPÈCE OVINE.	ESPÈCE caprine.	ESPÈCE porcine.
Groningue.	29,414	49	104,659	88,292	3,256	19,664
Frise.	22,616	43	205,671	121,517	1,672	11,422
Drenthe.	12,099	9	64,835	127,706	5,763	22,081
Over-Yssel.	16,730	91	128,107	39,595	9,452	28,691
Gueldre.	33,341	1,130	187,090	71,144	44,490	85,040
Utrecht.	11,942	295	82,089	31,430	7,611	23,276
Hollande septentrionale.	20,697	617	145,920	228,237	6,371	28,457
Hollande méridionale.	37,603	632	205,886	59,999	11,022	31,143
Zélande.	23,787	274	57,462	32,255	5,310	21,248
Brabant septentrional.	30,648	220	178,450	43,147	39,756	52,161
Limbourg.	14,517	106	71,922	58,193	11,466	37,075
Totaux.	253,394	3,466	1,432,091	901,515	146,169	360,258

C'est dans les quatre provinces de la Hollande méridionale, de la Gueldre, du Brabant et de Groningue, que
l'espèce chevaline est la plus répandue ; mais c'est dans la
Gueldre et la Hollande méridionale que l'élevage se pratique
avec le plus de succès. La population, en chevaux, se décomposait de la manière suivante, pour l'année 1873 :

```
Étalons employés à la reproduction . . . . .      710
Poulains et pouliches. . . . . . . . . . . . .   29,009
Chevaux âgés de moins de trois ans. . . . . .   40,829
Chevaux de travail . . . . . . . . . . . . . .  182,846
                                               ─────────
              Total. . . . . . . . . . . . . .  253,394
```

Les chevaux de luxe et les chevaux employés pour l'industrie paient une taxe, dont sont affranchis les chevaux
réservés aux travaux agricoles. En **1873**, le nombre total
des chevaux déclarés pour la taxe s'est élevé à **74,478**.
Quant aux animaux consacrés aux travaux de la culture,
leur nombre s'est élevé à **169,387** têtes. Ainsi, sur **100** chevaux, on peut établir la proportion suivante :

```
Chevaux agricoles . . . . . . .  66.8 pour 100
    —       payant la taxe. . . .  21.5    —
Poulains et pouliches . . . . .   11.4    —
Étalons . . . . . . . . . . . . .   0.3    —
```

Il y a un accroissement dans le nombre des chevaux élevés dans les Pays-Bas ou importés. Ainsi, de
1851 à 1860, la population chevaline s'est élevée en
moyenne à 239,730 têtes ; de 1861 à 1872, à 250,625 têtes ;
et en 1873, comme on vient de le voir, à plus de 253,000
têtes. En 1825, on ne comptait, dans tous les Pays-Bas, que
214,200 chevaux, et 217,300 seulement en 1840.

Pour les ânes et mulets, la Gueldre seule en compte
1,100 ; le tableau précédent montre combien peu ils comptent dans les autres provinces, proportionnellement aux
autres races.

En ce qui concerne l'espèce bovine, la répartition que

donne le tableau suivant indique immédiatement la nature de la spéculation principale à laquelle les animaux de cette espèce sont consacrés dans les Pays-Bas :

	Têtes.
Taureaux.	17,659
Vaches laitières	908,433
Veaux et génisses.	234,586
Bœufs et vaches à l'engrais	61,187
Bœufs de trait.	10,226
Total.	1,432,091

Ainsi sur **100** têtes de l'espèce bovine, **63** sont exclusivement consacrées à la production du lait. Dans aucun pays de l'Europe, on ne rencontre une proportion aussi considérable de vaches laitières.

La plus grande partie du lait ainsi produit est convertie en beurres et en fromages qui font l'objet d'une des branches les plus importantes du commerce extérieur de la Hollande. La Frise tient ici le premier rang ; ensuite viennent les deux Hollandes, le Brabant, la Gueldre, la Goninrgue et l'Utrecht, c'est-à-dire les provinces dans lesquelles le sol argileux domine.

Afin de bien faire ressortir la grande valeur et l'importance du commerce extérieur des beurres et des fromages dans les Pays-Bas, il faut placer ici les chiffres qui s'y rapportent pour les six dernières années. Les importations sont très-faibles ; mais nous avons cependant cru devoir les défalquer des exportations, afin de rester dans la plus rigoureuse exactitude. Le tableau suivant représente donc, pour les beurres et les fromages, les excédants des exportations sur les importations, de **1869** à **1874** :

	BEURRES.	FROMAGES.
	Kilogrammes.	Kilogrammes.
1869.	20,282,000	29,762,000
1870.	18.600,000	29,038,000
1871.	16,831,000	26,883,000
1872.	14,535,000	26,587,000
1873.	16,203,000	24,648,000
1874.	16,585,000	27,700,000

Si l'on se reporte aux périodes antérieures, on constate une augmentation notable dans les exportations de ces deux produits, mais plus considérable pour les beurres que pour les fromages. Ainsi, de 1845 à 1850, les Pays-Bas n'exportaient pas, en moyenne, plus de 10 millions de kilogrammes de beurre, tandis que l'exportation des fromages atteignait déjà 19 à 20 millions.

Pour l'année 1873, la valeur de l'excédant des exportations sur les importations a dépassé : pour les beurres, 26 millions de francs, et pour les fromages, 17 millions de francs.

L'exportation des animaux vivants de l'espèce bovine se fait aussi sur une large échelle. Ainsi, en 1873, on a exporté des Pays-Bas, 160,000 têtes, bœufs, vaches ou veaux, d'une valeur totale de 18 millions de francs. La même année, les importations n'ont pas dépassé 4,300 têtes. En 1871, le mouvement d'exportation avait atteint 220,000 têtes (1).

C'est principalement vers l'Angleterre que se fait cette exportation, surtout pour les animaux vivants. Quant aux beurres et aux fromages, quoique le Royaume-Uni en consomme la plus grande part, ils sont expédiés dans toutes les parties de l'univers; les Indes orientales, notamment, en consomment des quantités considérables.

L'augmentation progressive de l'espèce bovine est facile à constater. Ainsi, de 1861 à 1872, on comptait dans les Pays-Bas, 1,362,000 têtes de cette espèce, tandis qu'on n'en comptait que 1,261,000, de 1851 à 1860, 1,605,800, en 1840, et enfin 1,003,000 seulement, en 1825. La diminution des bœufs de trait et leur remplacement par les chevaux, dans les travaux agricoles, sont aussi à noter.

Il est assez difficile de préciser le mouvement de la popu-

(1). Voici, d'ailleurs, les exportations des six dernières années : 1869, 112,000 têtes ; — 1870, 138,500 ; — 1871, 222,300 ; — 1872, 166,000 ; — 1873, 156,000; — 1874, 172,500 têtes.

lation ovine dans les Pays-Bas. Il y avait eu une augmentation croissante dans la période de 1825 à 1865 ; mais depuis cette date, il y a eu diminution, comme on peut le constater par le tableau suivant :

	Têtes.
1825	698,600
1840	781,200
1851	811,600
1855	820,900
1860	865,800
1866	1,077,800
1870	900,200

En 1871 et 1872, il y a encore eu diminution, puisque la population ovine est tombée à 868,000 et 855,000 têtes. Mais en 1873, il y eu, au contraire, augmentation, le nombre des moutons ayant atteint 901,500 têtes, soit à peu près le chiffre de 1870.

C'est dans la Hollande septentrionale, la Frise et la Drenthe que l'élevage du mouton prend les plus grandes proportions, et la population ovine tend à s'y accroître d'une manière constante. On peut, d'ailleurs, en juger par les chiffres suivants :

	1851-1860.	1861-72.	1873.
Hollande septentrionale. . . .	186,525	239,443	228,237
Frise.	88,969	112,509	121,517
Drenthe.	123,331	126,940	127,706

Pour les Pays-Bas tout entiers, les agnelages ont été, de 1869 à 1872, en moyenne, de 96,000 par an ; en 1873, ils ont atteint 101,300. Le nombre des troupeaux était, à cette date, de 7,852.

Quoique moins considérable que pour l'espèce bovine, l'exportation des moutons donne lieu toutefois à des transactions importantes. Voici, pour les six années de 1869 à 1874, l'excédant des exportations sur les importations :

Têtes.

1869. 297,700
1870. 318,100
1871. 358,400
1872. 275,700
1873. 249,100
1874. 354,500

C'est vers l'Angleterre que ce mouvement d'exportation est principalement dirigé.

La production de la laine est loin de suffire aux besoins de l'industrie; aussi, y a-t il chaque année, comme en France, une importation considérable de laines coloniales.

Les chèvres ne sont répandues, d'une manière considérable, que dans les provinces de la Gueldre et du Brabant septentrional. Leur nombre va en augmentant. De **115,452**, en **1860**, il s'est élevé à **128,973**, pendant la période de **1861** à **1872**, pour atteindre **146,169** têtes en **1873**, comme le montre le tableau de la page **62**.

L'élevage de l'espèce porcine est constamment en progrès; les races sont améliorées, en même temps que les élèves sont plus nombreux, principalement dans la Gueldre, le Brabant et le Limbourg. Les chiffres suivants montrent l'accroissement du nombre de ces animaux : moyenne de **1851** à **1860**, **248,132** têtes ; de **1861** à **1872**, **301,797** têtes ; en **1873**, **360,258** têtes. Les naissances ont atteint, en **1873**, le chiffre de près de **265,000**.

L'exportation des porcs subit des oscillations très-considérables. En **1869**, les exportations ont excédé les importatione de **21,900** têtes ; en **1871**, de **138,100** ; la différence n'a plus été que de **55,000** en **1873**, mais elle a atteint le chiffre de **127,300** en **1874**. En **1873**, la valeur de cet excédant était estimée à **2** millions de francs.

En résumé, l'exportation des animaux de boucherie, en

faisant toujours défalcation de la valeur des importations, a fait entrer, en 1873, dans les Pays-Bas, plus de 25 millions de francs.

Si l'on y ajoute les 43 millions produits par l'exportation des beurres et des fromages, on arrive à un total supérieur à 68 millions de francs.

Il n'y a que peu de choses à dire relativement aux animaux de basse-cour, qui tiennent peu de place dans l'agriculture néerlandaise. On comptait en 1873 : 1,970,900 coqs et poules ; 15,260 dindons, 324,300 canards, 28,760 oies, 3,982 cygnes. A ces chiffres, il faut ajouter 221,081 ruches à miel.

Pour toutes les espèces d'animaux de basse-cour, on constate une augmentation constante dans la production.

Il est intéressant de rechercher la proportion de bétail que les diverses provinces des Pays-Bas renferment, relativement à l'étendue de terres arables et de prairies qu'elles présentent. Si l'on ramène les chiffres qui représentent les diverses espèces domestiques à une unité-type, l'espèce bovine, on arrive aux résultats suivants, en adoptant les bases généralement adoptées pour ces sortes de calculs.

Groningue	0.75	tête de gros bétail par hectare.
Frise	0.92	—
Drenthe	0.92	—
Over-Yssel	0.85	—
Gueldre	0.81	—
Utrecht	0.98	—
Hollande septentrionale	1.02	—
— méridionale	1.12	—
Zélande	0.63	—
Brabant septentrional	0.78	—
Limbourg	0.87	—
Pays-Bas	0.88	—

On peut donc affirmer que l'agriculture néerlandaise est

bien près de réaliser dans son ensemble le *desideratum* tant de fois proclamé de l'agriculture progressive : une tête de gros bétail par hectare.

Il faut, d'ailleurs, considérer que ces chiffres ne représentent que des moyennes, et qu'ils ne se rapportent pas à beaucoup d'exploitations rurales qui ont largement dépassé cette limite.

***

RÉSUME.

Les développements qui précèdent ont montré la marche de la production intérieure de chacune des principales branches de l'industrie agricole dans les Pays-Bas. Les cultures horticoles et surtout celle des Oignons à fleurs, ont pris une grande extension aux environs de Haarlem, mais ce n'est pas ici le lieu d'entrer dans des détails sur ce sujet. En fournissant des denrées à l'exportation, l'agriculture néerlandaise a contribué à l'augmentation des échanges, et, par suite, de la richesse du pays.

Sans remonter plus haut que les trente dernières années, le rapide accroissement du commerce extérieur des Pays-Bas est démontré par le tableau suivant :

	IMPORTATIONS.	EXPORTATIONS.	TOTAL.
	Fr.	Fr.	Fr.
1846.	542,000,000	446,000,000	988,000,000
1847.	553,000,000	443,000,000	996,000,000
1848.	539,071,000	408,708,000	947,779,000
1856.	»	»	1.587,279,000
1863.	936,379,000	793,081,000	1,729,460,000
1864.	1,003,889,000	917,284,000	1,921,173,000
1865.	1,059,319,000	929,082,000	1,988,401,000
1866.	1,119,516,000	924,001,000	2,043,517,000
1867.	1,170,240,000	951,880,000	2,122,120,000

1870.....	1,071,073,980	846,656,000	1,917,729,980
1871.....	1,238,082,590	976,221,000	2,214,303,190
1872.....	1,303,614,000	1,028,157,000	2,331,771,000
1873.....	1,439,020,000	1,375,720,000	2,814,740,000
1874.....	1,416,944,260	1,072,349,280	2,489,293,540

Il y a eu, en vingt ans de **1846** à **1867**, un accroissement qui a dépassé la proportion du simple au double. Depuis cette date, le mouvement ascendant ne s'est pas arrêté.

Parmi les denrées agricoles, les céréales, les sucres bruts entrent en première ligne dans les importations ; les produits animaux, les sucres raffinés, les Lins et les Laines ont une part très-considérable dans les exportations. La Garance devait être aussi comptée, il y a quelques années, parmi les principales denrées exportées ; mais la diminution de la culture a entraîné celle du commerce.

Le commerce de la France avec les Pays-Bas, calculé d'après les relevés de l'administration des douanes françaises, a donné les résultats suivants, pendant les sept dernières années :

	Importation en France.	Exportation de France.
	Francs.	Francs.
1868.....	40,321,610	29,689,360
1869.....	36,056,240	41,140,360
1870.....	33,010,530	34,200,900
1871.....	42,497,590	35,252,980
1872.....	32,286,510	35,270,000
1873.....	39,990,950	33,216,680
1874.....	30,094,870	34,504,820

Les importations en France consistent principalement, parmi les produits agricoles, en fromages, et les principaux articles que nous importons dans la Néerlande sont les vins, les peaux brutes, les céréales, etc.

Une des mesures qui assurera dans l'avenir un nouvel accroissement de la production rurale sera le développement de l'enseignement agricole. L'enseignement général est très-prospère dans les Pays-Bas, mais il n'en est pas encore de même de l'enseignement spécial. Une loi du 2 mai 1863 a décidé la création d'une école nationale d'agriculture ; depuis cette date déjà éloignée, cette disposition est demeurée lettre morte. L'école d'économie rurale, autrefois établie à Groningue, a disparu depuis 1871. Les cours d'agriculture annexés aux écoles supérieures du pays sont d'ailleurs peu suivis. Mais l'enséignement par les conférences dans les principaux centres se propage sur une grande échelle. Certains professeurs font un nombre considérable de conférences : en 1873 et 1874, quelques-uns ont fait jusqu'à 80 conférences par an. Les sociétés agricoles font des sacrifices pour développer ces conférences qui obvient, dans une certaine mesure, au défaut à peu près absolu d'enseignement agricole spécial dans les Pays-Bas.

APPENDICES.

I.

LE GRAND-DUCHÉ DE LUXEMBOURG.

Le grand-duché de Luxembourg est sous la dépendance du royaume des Pays-Bas. C'est à ce titre que nous devons lui consacrer une notice qui complètera l'étude qui précède.

D'une étendue totale de 2,554 kilomètres carrés, le grand-duché n'atteint pas la moitié d'un département français d'une étendue moyenne ; il est à peine cinq fois grand comme le département de la Seine. La capitale en est la seule ville importante, et encore Luxembourg ne compte-t-elle que 15,000 habitants. L'industrie est peu considérable, mais la production agricole y est arrivée à un degré d'activité très-remarquable.

La population du grand-duché est très-dense ; elle s'élève à 211,659 habitants (recensement de 1873), ce qui donne une population spécifique de 85 habitants par 100 hectares. Cette situation est à peu près celle des parties de la France limitrophes du grand-duché ; d'après le recensement de 1866, le département de la Moselle comptait, en effet, un peu plus de 84 habitants par 100 hectares.

Un des agronomes les plus distingués du Luxembourg, et les hommes habiles sont nombreux dans ce petit coin de terre, M. Fischer, écrivait, il y a un peu plus de dix ans: « Il n'y a peut-être pas un pays en Europe où l'agriculture ait fait, depuis une vingtaine d'années, d'aussi rapides et d'aussi grands progrès que dans le Luxembourg. » Une grande part revient, dans cette transformation, au génie agricole des habitants ; mais il faut aussi rendre hommage à la vive impulsion donnée par le gouvernement grand-ducal, qui a compris depuis longtemps que l'agriculture est la première industrie et qui la protége par tous les moyens possibles. En 1867, le grand-duché a été délivré de la garnison étrangère qui occupait la forteresse de Luxembourg ; celle-ci a été démantelée, et la neutralité de ce petit pays a été placée sous la garantie des Etats européens. Depuis cette date, la transformation de la ville de Luxembourg a été complète ; la superficie bâtie a été considérablement augmentée, la population s'y accroît de jour en jour, et le chiffre de la consommation augmente en donnant un plus grand débouché aux produits agricoles.

Après une visite qu'il a faite à Luxembourg en 1875, M. Barral, secrétaire perpétuel de la Société centrale d'agriculture de France, décrivait cette transformation dans les termes suivants (*Journal de l'Agriculture* du 9 octobre 1875) :

« Nous ferons une comparaison avec le sentiment qui nous était resté d'une première visite faite il y a douze ans. Alors la ville de Luxembourg était resserrée dans d'étroites fortifications gardées par une garnison prussienne ; elle nous avait paru une sorte de tombeau. Quant à la campagne, elle était cultivée suivant l'ancienne routine où l'on considérait le bétail comme un mal nécessaire ; aux exploitations rurales n'était jointe aucune industrie ; le commerce était encore presque nul. Cependant on voyait par beaucoup d'indices que des efforts considérables étaient faits par un gouvernement intelligent pour amener des améliorations par des projets de voies de communications nouvelles, par le développement de l'instruction, et particulièrement de l'instruction agricole. Eh bien, aujourd'hui, que voyons-nous ? Une ville transformée dont les fortifications abattues sont remplacées par des jardins, où deux cents maisons nouvelles ont été construites, et qui est devenue le centre d'un commerce important. Des esprits timides croyaient, en voyant s'éloigner les soldats allemands, que ce serait une cause de ruine pour le petit commerce qui s'était habitué à vivre des menus profits tirés des dépenses que fait une troupe armée nombreuse. Le petit commerce est maintenant dix fois plus prospère ; il a vu la population s'accroître bien au-delà de ce qu'il fallait pour remplacer les consommateurs étrangers. Des industries, qui ne redoutent plus les bombardements qui menaçaient incessamment la forteresse, se sont créées. L'agriculture s'est transformée. Les chemins de fer sillonnent la contrée et l'ont dotée de communications faciles et rapides avec toute l'Europe. La liberté la plus grande règne avec l'ordre. Une constitution sage, à laquelle le prince Henri a prêté serment de fidélité il y a vingt-cinq ans, a établi des institutions qui garantissent tous les progrès matériels, intellectuels et moraux. »

Dans une brochure écrite en 1869 sous le titre *Situation agricole du Grand-duché de Luxembourg comparée à l'agriculture de notre pays*, M. le docteur Félix Schneider, président du Comice agricole de Thionville, a fait ressortir les enseignements que les agriculteurs lorrains devraient trouver dans les exemples de leurs voisins. Nous lui ferons quelques emprunts :

« Le cultivateur luxembourgeois, dit-il, apporte généralement le plus grand soin à ses cultures. C'est une condition indispensable de réussite dans un pays où le sol est le plus souvent de mauvaise nature et difficile à cultiver. Cet énoncé, que j'emprunte à M. Fischer, indique préalablement que les hommes qui exploitent la propriété dans le Luxembourg doivent à eux-mêmes, à leur intelligence et à leur volonté persévérante, non aux faveurs de la nature, leur situation prospère. Le même auteur, avec autant de raison que de bon sens, s'exprime ainsi : Bien cultiver une bonne terre n'est pas chose difficile ; bien cultiver une mauvaise terre forte est un fait qui doit attirer l'admiration du cultivateur intelligent. C'est là précisément que se manifeste l'aptitude des Luxembourgeois. Doués d'un esprit patient et tenace, ils ne se laissent pas volontiers rebuter par les difficultés. Ils savent qu'on peut rendre toutes les terres bonnes, et ils s'appliquent obstinément à étendre la portée du *chant du coq.* »

Pendant de longues séries d'années, l'assolement triennal a été, dans le Grand-Duché comme ailleurs, le dernier mot de la perfection agricole. Aujourd'hui, dans un grand nombre d'exploitations, il est remplacé par l'assolement alterne. En outre, sur les points mêmes où il subsiste encore, il s'est heureusement modifié, en ce sens que la culture des Pommes de terres et du Trèfle y a généralement pris la place de la jachère. L'accroissement des cultures fourragères, qui a été, depuis vingt ans, un des caractères principaux de la culture luxembourgeoise, a assuré une grande abondance d'engrais, qui entraîne, sur bien des points, à la suppression de la jachère.

Les variations de l'étendue du domaine agricole dans le Grand-Duché de Luxembourg ressortent du tableau suivant qui indique les divisions des terres de **1850** à **1865** :

	1850	1855	1860	1865
	hectares.	hectares.	hectares.	hectares.
Terres labourables.	108,814	109,721	110,832	111,615
Prairies.	24,747	24,780	24,862	24,856
Terres vagues et pâtures.	32,523	32,134	32,321	31,909
Bois et haies plantées. . .	79,300	79,090	78,915	78,503
Totaux.	245,364	245,725	246,930	246,893
Jardins, vignes, vergers, superficie bâtie, etc. . .	7,241	6,887	5,682	5,719
Totaux.	252,612	252,612	252,612	252,612

De ce tableau, il ressort que, de **1850** à **1865**, **1,529** hectares ont été acquis au terrain purement agricole. A cette date, 97 pour 100 de la surface du pays étaient en culture. C'est le dernier degré d'extension que peut prendre l'agriculture. Ce n'est donc plus tant par l'extension des cultures que par une plus grande perfection que le cultivateur peut désormais prospérer. Nous n'avons pas sous les yeux les tableaux qui ont pu être dressés depuis 1865 ; mais si le mouvement déjà constaté s'est développé, il n'y aura eu de changements sensibles que par le défrichement des bois qui couvraient encore près du tiers du territoire et qui disparaissent peu à peu, peut-être trop vite, devant la charrue.

En 1865, les 111,615 hectares de terres arables se décomposaient comme il suit, suivant la nature des récoltes :

	Hectares.	Proportion pour 100.
Céréales.	62,124	55.66
Plantes légumineuses.. . .	2,344	2.10
Racines.	13,913	12.43
Plantes fourragères. . . .	7,824	7.01
Plantes industrielles. . . .	837	0.75
Jachères.	24,573	22.05
Totaux..	111,615	100.00

Les céréales cultivées dans le Grand-Duché de Luxembourg, sont : le Froment, le Seigle, le Méteil, l'Epeautre, l'Orge, l'Avoine et le Sarrasin. L'Avoine tient le premier rang ; elle couvre presque la moitié des terres emblavées en céréales ; le Froment n'en occupe que la septième partie, et il vient après le Méteil et le Seigle. Quant aux autres grains, ils ne sont cultivés que dans de faibles proportions.

Le Blé forme toujours la tête de l'assolement. L'Avoine lui succède sans fumure, dans la plupart des rotations adoptées. Pendant longtemps, les agriculteurs du Luxembourg n'ont donné que peu de soins à cette dernière céréale ; aujourd'hui ils s'y adonnent au contraire avec une sorte de passion, à raison des débouchés faciles et des hauts prix qu'elle trouve sur tous les marchés. « On a essayé, dans le Luxembourg comme chez nous, dit M. Schneider, dans la brochure citée plus haut, diverses variétés de Froments exotiques, et l'on est arrivé aux mêmes résultats. On a reconnu que les espèces étrangères prospèrent dans certaines années favorables, et périssent durant les hivers à temps très-variables, offrant des alternatives de gelée et de dégel qui déchaussent les racines. Pour maintenir le rendement extraordinaire du Froment de Halett, il est nécessaire de renouveler tous les ans la semence. On sait ce qu'il en coûte. Le Froment du pays est plus rustique, mais il est souvent moins productif ; de plus, il a des tiges moins fortes, et pour cette raison, il verse plus facilement et n'est pas aussi apte à supporter les fortes fumures destinées à contribuer aux rendements maxima. M. Nels a adopté une méthode mixte qui consiste à mélanger trois ou quatre espèces de Blés qui semblent réussir mieux qu'en les semant isolément. Les Luxembourgeois ont renoncé à ces mélanges ; leur meunerie ne recherche que la variété de Froment indigène. »

Dans les terres où le fumier et les engrais sont difficiles à transporter, on cultive l'Epeautre avec assez de succès. Le Seigle réussit également bien ; c'est pourquoi sa culture se maintient sur une étendue relativement considérable, puisqu'elle dépasse 6,400 hectares.

Quoique sur une étendue plus restreinte, l'Orge est cultivée avec succès dans un grand nombre de cantons. Aux environs de la ville même de Luxembourg, on fait succéder souvent l'orge au Froment, mais en lui donnant une nouvelle fumure. Immédiatement après l'enlèvement du Blé, le champ est labouré, et il l'est une seconde fois, avant l'hiver. La fumure est enfouie peu de temps avant la semaille de l'Orge, au commencement du printemps.

Les plantes légumineuses cultivées dans le Grand-Duché, sont peu nombreuses, et n'occupent qu'une étendue très-faible. Les Vesces, les Pois, les Féveroles, les Lentilles et les Haricots ne se rencontrent que dans quelques districts circonscrits, pour ainsi dire privilégiés, principalement dans les cantons d'Esch et de Luxembourg. La Féverole est, parmi ces plantes, celle qui réussit le mieux ; d'après

M. Fischer, un rendement de 20 à 30 hectolitres par hectare peut être considéré comme le produit ordinaire.

A part la Pomme de terre, les cultures de racines sont peu développées dans le Grand-Duché de Luxembourg. Les neuf dixièmes des 13,913 hectares consacrés, en 1865, à ces plantes, étaient plantés en Pommes de terre. Le rendement ordinaire varie de 150 à 200 hectolitres par hectare, sauf dans les années tout à fait mauvaises, qui sont rares. La plantation se fait avec beaucoup de soin ; les travaux de culture sont nombreux. De nombreuses distilleries utilisent les tubercules, et leur nombre va toujours en augmentant.

La culture de la Betterave à sucre tend à se développer. Deux sucreries, montées pour travailler chacune 7 millions de kilogrammes de Betteraves, ont été établies en 1869 dans le Grand-Duché, l'une à Mersch, l'autre à Diekirch. Pendant la campagne 1873-74, elles ont cultivé 348 hectares de Betteraves, qui ont donné 10 millions de kilogrammes, soit un produit moyen de 29,600 kilog. par hectare. Elles ont, en outre, acheté 7,165,400 kilog. de Betteraves, de sorte que leur travail a porté sur 17 millions de kilog. Les résultats auxquels sont arrivées ces deux compagnies, encouragent vivement, autour d'elles, la culture de la Betterave à sucre.

Les cultures fourragères prennent de plus en plus d'extension. Les Trèfles et la Luzerne sont particulièrement appréciés. On comprend que les bonnes plantes fourragères sont la principale source de la prospérité agricole. Pendant que l'on convertit les pâtures en terres arables, on améliore les prés naturels et on donne une plus large place aux prairies artificielles. « De 1840 à 1849, dit M. Schneider, les agriculteurs luxembourgeois ont créé 1,711 hectares de prés naturels, en même temps qu'ils étendaient considérablement la culture des prairies artificielles. Depuis 1849, de nouvelles prairies naturelles, en

plus grand nombre encore, ont été formées, à telles ensei-
gnes que, dans certaines parties du Sud, on compte un
hectare de prés sur 2 hectares de terres labourables... L'habitude de former des prés a rendu les Luxembourgeois très-
habiles dans la matière. Ils ont transformé des marais en
excellentes prairies, au moyen de curages et de rectifica-
tions, et ils ont imaginé des systèmes d'irrigation bien
combinés et qui peuvent servir de modèles. La formation
d'un grand nombre de prés n'a pas tardé à donner du prix
à la semence d'herbes qui fait depuis longtemps, dans le
Luxembourg, l'objet d'un commerce assez important. »

A côté des Trèfles et de la Luzerne, les Vesces tiennent,
parmi les plantes fourragères, un rang apprécié; le Seigle
vert est une ressource à laquelle on a recours dans les années
de pénurie.

En outre, depuis longtemps, les Luxembourgeois ont
essayé d'introduire chez eux diverses autres plantes fourragères. La Serradelle, qui a si bien réussi dans quelques pays,
n'a pu s'y maintenir, à cause de ses faibles rendements ;
le résultat a été le même pour la Spergule. On leur préfère les
Vesces qui ont un rendement plus considérable et présentent
l'avantage d'étouffer les mauvaises herbes.

Parmi les plantes industrielles, le Chanvre est particulièrement cultivé dans le Grand-Duché ; ensuite viennent le
Colza, le Lin et les diverses plantes oléagineuses. Les cultures industrielles demandent généralement un excellent
terrain, des engrais abondants, des débouchés et des habi-
tudes commerciales. Or, dans l'état actuel de l'agriculture
luxembourgeoise, ces conditions se trouvent rarement réunies. C'est pourquoi la production des plantes industrielles
se répand difficilement, et même tend à diminuer dans
certains cantons. — A côté des plantes oléagineuses, le
Houblon, le Tabac, le Chardon à foulon sont aussi cultivés,
mais sur une échelle très-restreinte.

Le Grand-Duché de Luxembourg possède une certaine

quantité de Vignes, particulièrement sur les coteaux de la rivière de la Moselle. La production moyenne atteint 45,000 hectolitres par an. Les extrêmes sont très-caractérisés : en 1855, mauvaise année, on ne vendangeait que 17,500 hectolitres de vin, tandis qu'en 1865, on en récoltait plus de 73,000 hectolitres, et en 1858, 73,400. Ce dernier chiffre n'a pas encore été dépassé. En 1874, une des plus belles au point de vue de la quantité, après ces récoltes exceptionnelles, les vendanges ont donné environ 60,000 hectolitres. — Les 850 hectares de Vignes du Luxembourg fournissent, en général, du vin de médiocre qualité. Toutefois, dans les bonnes années, les produits de quelques crus et surtout ceux de Wormeldange, sont assez recherchés. Ces vins sont, en majeure partie, consommés dans le pays-même ; mais la Belgique en prend une petite quantité.

« Il est incontestable, dit M. Schneider, dont nous ne saurions trop citer les judicieuses réflexions, que les cultivateurs luxembourgeois sont beaucoup plus avancés que nous, sous le rapport des moyens à employer pour augmenter le plus possible, la masse et la quantité des engrais. Ils ont plus de fourrages, et, par conséquent, plus d'engrais ; telle est la base de leur supériorité. » En effet, dans le Grand-Duché, les fumiers sont traités avec beaucoup de soin ; on y mêle des détritus, des feuilles mortes, etc., pour en augmenter la richesse. Les engrais animaux sont recherchés ; le plâtre est employé dans les prairies artificielles ; enfin, on fait un usage croissant des engrais commerciaux. L'enfouissement des récoltes vertes se généralise aussi ; on cultive surtout à cet effet, le lupin jaune et le sarrasin. Enfin, le gouvernement luxembourgeois fait de grands sacrifices pour favoriser le chaulage, surtout dans les Ardennes, où les amendements calcaires sont le plus nécessaires, et dans les défrichements. Un crédit qui ne s'élève pas à moins de 4,000 francs par an, est inscrit au budget dans ce but.

Le matériel des exploitations agricoles s'est amélioré, dans le Grand-Duché, dans les mêmes proportions que pour l'Est de la France. Les anciens outils ont été perfectionnés, et l'emploi des machines nouvelles prend chaque année une plus grande extension.

C'est surtout en ce qui concerne l'amélioration des races d'animaux domestiques que l'action du gouvernement luxembourgeois s'est montrée avec une réelle efficacité. Les encouragements donnés aux éleveurs dans les concours spéciaux, les achats d'animaux reproducteurs à l'étranger, ont produit les plus heureux résultats.

Voici, d'abord, un tableau qui permet de suivre le mouvement de la population animale pendant les quinze dernières années :

	1861	1863	1865	1872	1874
	têtes.	têtes.	têtes.	têtes.	têtes.
Espèce chevaline	21,594	22,196	31,909	17,873	17,944
— asine	61	45	63	28	27
— mulassière	3	4	6	74	64
— bovine	90,485	95,257	94,772	79,999	91,864
— ovine	73,569	70,376	68,074	45,023	47,899
— caprine	14,435	13,833	12,302	14,023	16,928
— porcine	48,249	67,850	58,219	53,443	73,120

Les recensements sont faits chaque année à une même date, au commencement du mois de juillet, de telle sorte que les résultats sont toujours comparables entre eux.

On remarquera, tout d'abord, la diminution considérable accusée par le recensement de **1872**, principalement pour l'espèce bovine. La guerre de **1870-71** a eu son contre-coup dans le Grand-Duché, malgré sa neutralité. De grands achats ont été faits pour le compte des belligérants, et la peste bovine, que traînaient après elles les armées allemandes, y a sévi avec une cruelle intensité. Mais on voit, par la comparaison des recensements de **1872** et de **1874**, avec quelle rapidité les vides ont été effacés.

Les chevaux élevés dans le Luxembourg sont surtout des chevaux de gros trait ; ce sont ceux qui sont principalement recherchés par les acheteurs allemands. « Il y a quinze à vingt ans, dit M. Barral dans l'étude que nous avons déjà citée, un jeune cheval ne se vendait guère que de 400 à 500 fr., aujourd'hui, il est payé facilement de 1,200 à 1,500 francs ; c'est là tout le secret du succès de l'élevage de l'espèce chevaline. Naguère il n'y avait que de la perte, pour ainsi dire, à élever des chevaux. Si le cheval ardennais, si remarquable pour son ardeur et sa légèreté, tend à disparaître, c'est uniquement parce que les acheteurs demandent davantage le cheval de gros trait, particulièrement pour l'artillerie allemande et les travaux exigeant beaucoup de force. »

L'ancienne race bovine ardennaise diminue d'importance chaque année. Elle est absorbée ou remplacée par la race hollandaise, pour une grande partie du pays, et par la race durham, dans les autres districts. Le gouvernement luxembourgeois fait acheter, tous les ans, chez les éleveurs les plus distingués, soit du continent, soit d'Angleterre, par une Commission spéciale (1), des reproducteurs appartenant aux races les plus estimées, et il les fait vendre ensuite aux enchères publiques. La perte est peu élevée, et largement compensée par les bénéfices qui en résultent pour l'intérêt général du pays.

C'est surtout la race bovine hollandaise que recherchent les agriculteurs luxembourgeois. « Nos éleveurs, dit M. Fischer, préfèrent de beaucoup le bétail de la race hollandaise. Il paraît appelé à régénérer nos races, sinon à se substituer entièrement à elles dans un avenir plus ou moins rapproché. » Et ailleurs : « Le but le plus général dans l'élève des bêtes à cornes dans tout le pays, c'est la production du lait. La production de la viande ne vient

---

(1) En 1875, la Commission, composée de MM. Fischer et Schneider, a fait de nombreux achats dans les étables de durhams de l'ouest de la France.

qu'en seconde ligne.» Depuis 1860, date à laquelle M. Fischer
écrivait ces lignes, les modifications qu'il prévoyait se sont
en grande partie réalisées. La race à laquelle on a donné la
préférence est la race hollandaise de moyenne taille venant
de la Zélande ; elle donne une quantité assez considérable
de viande, en même temps que son lait est abondant et de
très-bonne qualité.

Les moutons ardennais forment l'immense majorité de la
population ovine du Grand-Duché de Luxembourg. Ils sont
célèbres par la bonne qualité de leur viande. Depuis quelque
temps, on a introduit des moutons anglais de la race south-
down qui forme, avec la race ardennaise, d'excellents croisements.

L'importation des races porcines anglaises a complétement
réussi ; le même fait se produit en France. Les grandes
races de Berkshire et d'Yorkshire ont particulièrement donné
de bons résultats. Leurs croisements avec la race indigène
ont tellement modifié celle-ci qu'on peut dire sans exagé-
ration qu'elle tend à disparaître rapidement. Les concours
communaux et cantonaux ont exercé, dans cette direction,
la plus heureuse influence.

Le commerce du bétail est des plus actifs dans le Grand-
Duché; les ventes pour l'exportation sont nombreuses. On
en jugera par le tableau suivant du produit des foires durant l'année 1873 :

	Vendus pour l'intérieur.	Vendus pour l'extérieur.	Prix moyen par tête.	Produit total.
Chevaux et poulains. . . .	3,520	3,178	510 fr.	4,029,868 fr.
Bœufs, vaches et veaux. .	14,064	7,856	252	5,531,735
Moutons, agneaux.	16,094	20,847	27	962,511
Porcs.	6,088	6,960	42	559,458
Porcelets.	33,954	29,230	14	887,890

Les moutons et les porcs sont vendus, comme on le voit,
en plus grand nombre pour l'extérieur que pour l'intérieur.
Les principaux débouchés du bétail sont la Belgique et la

France ; le commerce avec l'Allemagne est moins considérable.

L'exposé de la situation du Grand-Duché pour l'année 1874 s'exprime ainsi au sujet des mesures prises et des encouragements distribués en faveur de l'agriculture :

« On se bornera à signaler ici les principales dispositions législatives et administratives relatives à l'agriculture qui ont été prises depuis 1871, et à rappeler les faits les plus saillants qui s'y rattachent.

« Il convient de mentionner d'abord la loi du 22 avril 1873, sur la vaine pâture. Elle constitue une réforme de la législation antérieure dont l'influence pourra devenir sensible. Si elle ne supprime pas la vaine pâture, conformément aux recommandations des hommes experts dans la matière, et conformément aux avis souvent exprimés de la Commission d'agriculture, elle en restreint l'exercice et permet aux conseils municipaux d'en voter la suppression ou d'en régler l'usage d'une manière conforme aux intérêts locaux. Elle a reçu une exécution qui a montré qu'elle est l'expression de l'opinion générale : 18 conseils communaux ont, en effet, décrété la suppression de la vaine pâture, presque tous les autres en ont fait l'objet de règlements restrictifs.

« L'industrie agricole mérite assurément les encouragements de l'Etat, à cause de son importance, de sa grande utilité, des rudes travaux qu'elle impose et des revenus modestes qu'elle donne. Cependant on hésite parfois à faire, dans son intérêt, des sacrifices directs, parce que l'expérience a prouvé qu'ils ne donnent pas toujours les résultats qu'on en attend. Dans les derniers temps, l'opinion prévalut de plus en plus et s'est fait jour à la Chambre qu'il fallait soutenir l'agriculture par des subventions ; il semblait que la position des cultivateurs était devenue difficile, non seulement parce que, pendant plusieurs années, les récoltes avaient été médiocres, mais encore parce que l'industrie qui se développait, enlevait les bras nécessaires à la culture des champs et faisait augmenter considérablement le prix de la main d'œuvre. L'excellent état des finances permettait, d'ailleurs, de faire largement, sans rien compromettre, les dépenses qui avaient un caractère d'utilité publique.

« Des crédits précédemment portés au budget ont donc été augmentés ; de nouveaux crédits ont été ajoutés aux anciens. Au moyen des allocations faites au budget de 1873, le gouvernement a pu augmenter d'un tiers les primes accordées dans les communes aux détenteurs des plus belles bêtes mâles des espèces porcines et bovines servant à la monte des animaux d'autrui, et y affecter une somme de 15,696 francs, non compris les frais ; il a pu acheter à l'étranger pour 7,422 fr. de bêtes de race porcine perfectionnée, qui ont été vendues en adjudication publique pour 4,248 fr....

« Pendant l'année 1874, les primes accordées aux détenteurs des plus belles bêtes mâles des races porcine et bovine ont encore été augmentées et portées à '18,870 fr. ; douze bêtes mâles de race porcine ont été acquises pour un prix de 1,125 fr. et vendues en adjudication publique pour 674 fr. ; quatre taureaux de la race durham, acquis pour 3,240 fr., ont été vendus 1,495 fr.; des primes pour une somme de 7,400 fr. ont été accordées aux détenteurs des plus beaux étalons....

« Il n'est pas possible de déterminer jusqu'à concurrence de quelle somme sera employé le crédit de 15,000 fr. alloué pour favoriser la culture de la Betterave à sucre ; il est à croire que la dépense qu'on sera dans le cas de faire de ce chef, ne sera pas considérable cette année ; l'allocation qui y a été affectée a, en effet, été votée trop tard par la Chambre pour qu'elle ait pu exercer de l'influence sur nos cultivateurs ; les Sociétés sucrières qui se livrent, d'ailleurs, à peu près seules à la culture de la Betterave, sont exclues de toute participation à la subvention, conformément à l'arrêté du 24 septembre 1874 qui a réglé le mode d'après lequel les primes doivent être décernées. Les crédits alloués aux budgets des dernières années ont encore permis d'augmenter les subsides accordés aux deux sociétés agricoles et de les porter de 1,500 à 2,500 francs.

« Ce système d'encouragement devra être nécessairement continué pendant plusieurs années s'il doit produire des résultats utiles. Il paraît d'ailleurs rationnel ; il s'applique, en effet, à la culture de la Betterave et à l'élevage du bétail. L'expérience l'a prouvé : la culture de la Betterave est celle qui est le plus favorable au progrès agricole parce qu'elle exige l'emploi de bons procédés qui contribuent le plus au développement de la production et ne sont pas toujours suivis dans notre pays.

« L'élevage du bétail est, d'un autre côté, une branche de l'industrie agricole qui a, dans le Grand-Duché, une importance particulière ; elle mérite surtout de l'intérêt, parce que ceux qui l'exercent sont nombreux et n'appartiennent pas tous aux classes qui ont le plus d'aisance. On peut juger combien le pays est dans le cas de profiter de l'amélioration des races qu'on a en vue, par le relevé du recensement du bétail fait pendant les sept dernières années.... On peut espérer que les nouveaux encouragements donnés pour l'amélioration du bétail produiront de l'effet, lorsqu'on considère le goût que nos cultivateurs montrent pour l'élevage, les progrès qu'ils ont déjà réalisés, et qu'attestent les expositions et les concours agricoles.

« L'Etat ne cherche pas seulement à améliorer le bétail, il concourt aussi à sa conservation par le service sanitaire qu'il a organisé ; il supporte de ce chef, des charges qui consistent principalement dans les traitements qu'il accorde aux médecins vétérinaires qui sont établis dans tous les cantons du pays, et dans les indemnités que reçoivent, en vertu de la loi du 3 octobre et de l'arrêté du 10 novembre 1870, les propriétaires de bêtes abattues comme atteintes de maladies contagieuses....

« On voit par ce qui précède que, si des circonstances défavorables à l'agriculture sont survenues, on n'a pas négligé de chercher à la soutenir ; tout en approuvant pour des motifs déjà exprimés ce qui s'est fait, on arrive à adopter l'opinion que le mal auquel il s'est agi de remédier, n'est pas aussi grave que quelques plaintes l'ont fait croire, et il semble que quelques années de fertilité ordinaire le feraient disparaître. L'augmentation des frais de production qui grève l'agriculture par suite du renchérissement de la main-d'œuvre n'est pas sans compensation. Le commerce et l'industrie ont créé dans le pays des richesses dont l'agriculture profite. Ses produits, sans distinction, se vendent à des prix élevés, et la vente s'en fait facilement, aux foires et aux marchés hebdomadaires. L'importance de beaucoup de ces foires et marchés qui grandit constamment, le nombre des marchés que des besoins réels ont fait établir dans quinze localités sont une preuve d'une grande activité dans les transactions et se rattachent incontestablement à la situation commerciale et industrielle. »

Les détails donnés plus haut montrent suffisamment que ce tableau n'est pas présenté sous des couleurs trop favorables; c'est l'image d'une situation prospère. Il y a là l'exemple d'une organisation agricole qui mérite d'être sérieusement étudiée.

———

II.

LE PROJET DE DESSÉCHEMENT DU ZUIDERZÉE.

Il a été question, dans notre étude, du projet de desséchement du Zuiderzée. Nous croyons utile de donner quelques détails sur ce gigantesque travail. Ces détails sont empruntés aux documents présentés au Parlement néerlandais, lorsque les demandes de crédit lui ont été soumises.

Il est constant que, dans les Pays-Bas, le littoral de la

mer tend, sans cesse, à se déplacer. Le lac *Flevo*, aujour-
d'hui le Zuiderzée, se retrouve sur les plus anciennes
cartes ; mais on n'a pas de détails précis sur ses transforma-
tions avant le XIIe siècle. En 1170, la Hollande, la Zélande,
Utrecht, eurent beaucoup à souffrir des incursions des eaux.
C'est à cette époque que le Zuiderzée s'est considérablement
agrandi, que Texel et Wieringen furent arrachés du continent. Soixante ans après, la ville d'Esonstadt, sur le Lou-
wers, disparut complétement. En 1237 et en 1250, le
Zuiderzée a pris tout son développement. C'est alors que se
formèrent les différentes îles situées dans cette mer. Les
terres au sud de Terschelling et d'Ameland ont résisté jusqu'en 1415.

Aujourd'hui, le Zuiderzée, avec les bas-fonds et le Lou-
werzée, a une étendue de 535,000 hectares.

Le Dollard a été formé en 1277 par l'irruption de l'Ems.
La guerre civile avait fait négliger les digues au point qu'à
cette époque le Dollard atteignit même Westerwolde. On
comprit que, continuant ces guerres, on finirait par s'ex-
poser à une submersion complète, et l'on se mit à
l'œuvre. Groningue aida de son mieux à l'endiguement.
Aujourd'hui que la partie du Dollard hollandais n'est plus
que de 8,500 hectares, Groningue veut l'endiguer entièrement; mais le gouvernement a l'intention de négocier avec
la Prusse pour opérer en commun le desséchement.

Le Biesbosch date de 1421. Une grande inondation en-
gloutit 72 villages et arracha Dordrecht de la terre ferme
pour en faire une île. Ce désastre a eu également la guerre
civile pour principale cause.

Les inondations se sont renouvelées quatorze fois du quin-
zième au dix-huitième siècle.

En résumé, les pertes de terrains s'élèvent aux chiffres
qui suivent :

A la côte de la mer du Nord. . . .	150,000	hectares.
Au Zuiderzée.	385,000	—
Dans le Dollard.	8,432	—
Au Biesbosch.	42,575	—
En Zélande.	27,900	—
Total.	613,907	hectares.

Les endiguements ne s'élèvent qu'à un total de **363,500** hectares, en sorte que la mer doit encore une étendue de **250,000** hectares environ.

Pour le moment, il s'agit du desséchement de la partie méridionale du Zuiderzée, le *Flevo lacus* des Romains et la mer *Almare* du Moyen-Age. Ce fut en **1866** qu'en parut le premier plan. M. Heemskerk, alors ministre comme aujourd'hui, s'y intéressa vivement et nomma une commission d'ingénieurs du *waterstaat* pour lui faire un rapport. En **1868,** la commission s'acquitta de sa mission ; mais au même moment M. Heemskerk se retira et le projet est resté en suspens. En arrivant de nouveau aux affaires, il s'en est de nouveau occupé si sérieusement que l'entreprise touche à son exécution. En effet, la commission a déclaré à l'unanimité le plan exécutable, mais aux frais de l'Etat, car les énormes dépenses d'une pareille entreprise exigent des capitaux tels qu'ils seraient difficilement à la portée d'une entreprise privée.

En jetant un coup d'œil sur la carte des Pays-Bas, on se fait aisément une idée des travaux qu'il s'agit d'exécuter. Avant qu'il puisse être question du desséchement proprement dit de Kampen, sur l'Yssel, jusqu'à Enkhuizen, sur l'autre rive du Zuiderzée, soit sur une distance de **40** kilomètres, une énorme digue devra être établie dans la mer, afin d'empêcher l'eau de pénétrer dans les terres. Cette digue doit avoir **10** mètres de hauteur au-dessus du niveau de l'eau, avec un sommet de **5** mètres, une largeur de **3** mètres et une berme extérieure de **5** mètres. La berme intérieure servira de chemin de halage, et plus tard elle pourra être utilisée pour une voie ferrée.

En dehors de cette digue, qui coûtera plus de 53 millions de francs, on devra établir de grands bassins pour recueillir l'eau extraite de la mer et, afin de rendre la navigation possible, une dizaine de grands canaux avec de nombreuses écluses ; le tout aménagé de façon à pouvoir être mis en rapport avec les chemins de fer.

L'étendue qu'il s'agit de dessécher est de **196,670** hectares, dont il convient de défalquer **19,000** hectares pour les chemins, canaux, etc., en sorte que **178,000** hectares environ pourront être donnés à la culture. Pour se faire une idée exacte de l'entreprise, il suffira de rappeler l'étendue des onze provinces du royaume, que nous avons indiquée plus haut (page **13**).

La nouvelle province de Zuiderzée, d'une étendue de **196,000** hectares, serait la douzième province. Elle augmenterait de **1/18** le sol du royaume.

Les frais sont évalués à **180** millions de florins. Chaque hectare desséché reviendrait donc à peu près à **1,000** florins. Si l'Etat perd momentanément, il recouvrera bientôt la dépense par les ressources de toute espèce que la nouvelle province produira.

Il y a divergence d'opinion sur le temps qu'il faudra pour l'exécution des travaux. Les uns estiment qu'en douze ans tout pourra être terminé ; d'autres prétendent qu'il faudra seize ans. La profondeur moyenne du Zuiderzée étant de 4 mètres 50, on estime la quantité totale d'eau à retirer à **5,850** millions de mètres cubes. Les machines à vapeur, d'une force de **9,440** chevaux, seraient construites pour retirer **4,500** mètres cubes par minute. Le desséchement lui-même, après l'exécution des travaux préliminaires, pourrait donc ne pas durer plus de deux ans.

TABLE DES MATIÈRES

Pages.

RAPPORT fait au nom de la section d'économie, de statistique et de législation agricoles, par M. MOLL, sur un Mémoire intitulé : *Etude* sur la statistique agricole des Pays-Bas, par M. HENRI SAGNIER..   5

ETUDE SUR LA STATISTIQUE AGRICOLE DES PAYS-BAS.

PARIS. — IMPRIMERIE DE Mme Ve BOUCHARD-HUZARD, RUE DE L'ÉPERON , 5;
JULES TREMBLAY, GENDRE ET SUCCESSEUR.

www.ingramcontent.com/pod-product-compliance
Lightning Source LLC
LaVergne TN
LVHW020544060726
842525LV00004B/1309